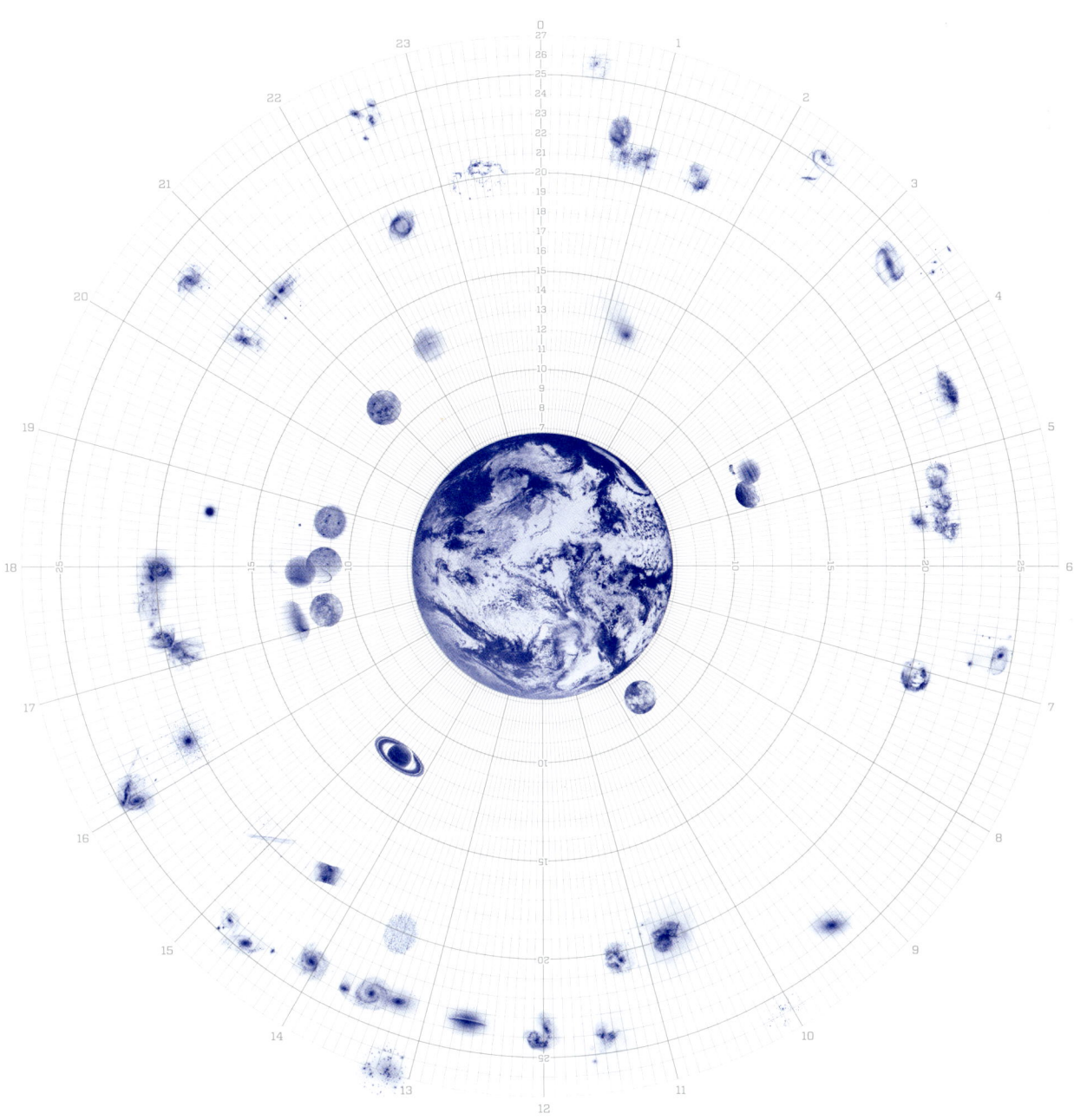

Cosmic Atlas
宇宙の地図

2013. 1. 1 - 12:00

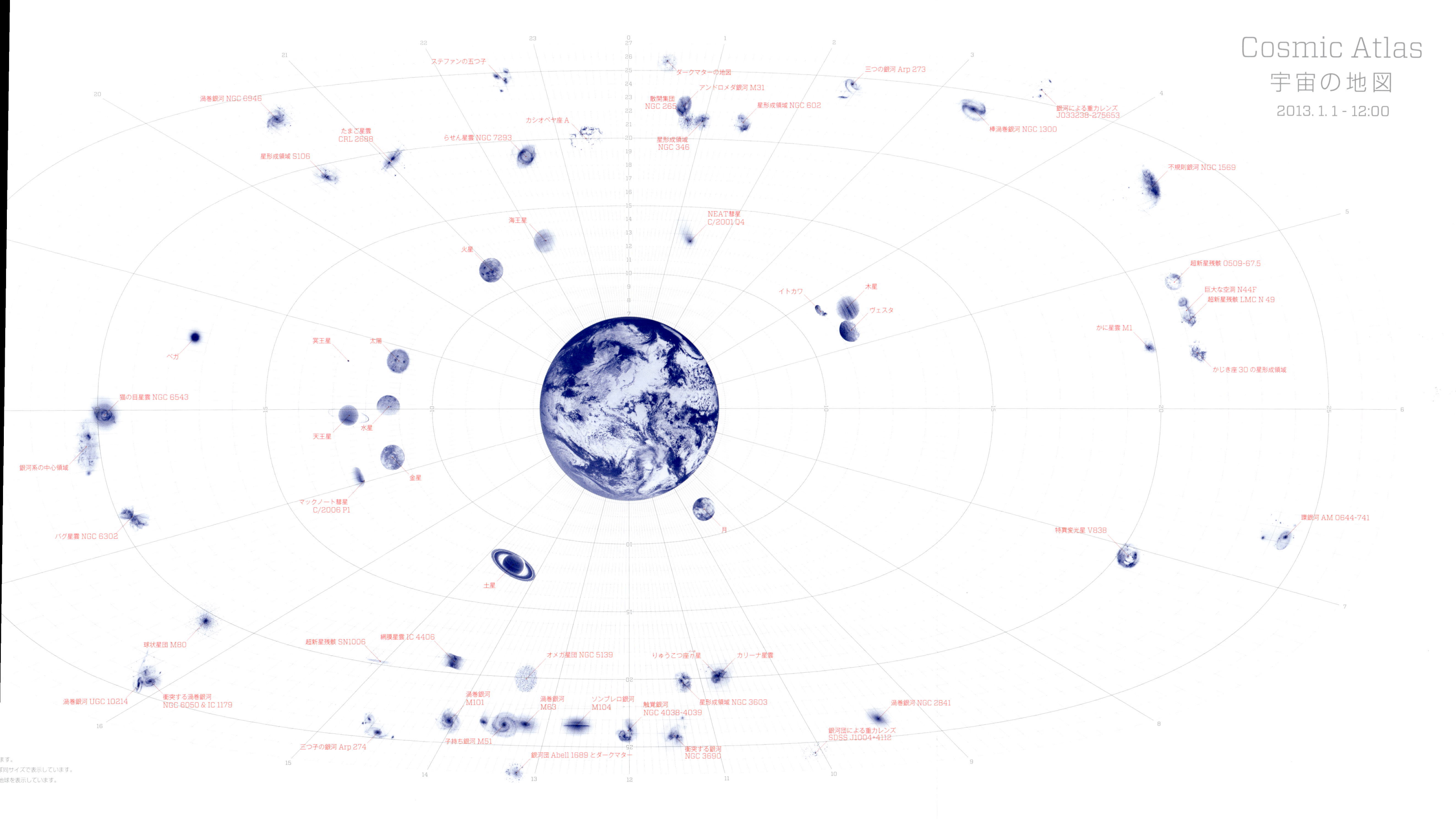

Introduction
光で編む時空の地図

　私たちの目に映る天体は、すべて過去の姿です。太陽は8分20秒ほど前の太陽、月は1.27秒前の月なのです。これは、光にも速さがあり、遠い天体から光が届くのには時間がかかるからです。光は秒速30万kmという有限の速さです。光が1年間に進む距離を1光年といい、約9兆5千億kmになります。

　230万光年先にあるアンドロメダ銀河を見るとき、それは230万年前のアンドロメダ銀河の姿を見ていることになります。つまり、遠くの宇宙を見ることは、昔の宇宙を見ることといえます。100億光年先まで見通せる望遠鏡は、100億年前から現在までの時間の奥行きを見ることができるのです。

　肉眼で宇宙を見るとき、天体の形がわかるのは、太陽と月、そして時々不思議な姿を楽しませてくれるほうき星くらいです。それ以外の天体は点としてしか見えません。しかし、望遠鏡で見ると、天体は多様な姿を見せてくれます。木星の縞模様、土星の環、星形成領域の星とガスが織りなす構造、惑星状星雲や、超新星残骸という星の最後の姿、渦巻いたり、衝突したりしている様々な形の銀河など、その形、模様、色は息を飲むほど美しいものです。

　これらの天体は美しいだけではありません。その姿は宇宙の壮大な営みを教えてくれます。天文学者は、天体の構造という空間の広がり、そしてその誕生や進化という時間の流れを読み解いています。

　途方もなく遠方の、つまり遥か昔の天体が、私たちに繋がっていることを知っていますか。137億年前にはじまった宇宙は、最初の星をつくり、銀河をつくりました。銀河の中では星が誕生し、やがて最後を迎えます。気の遠くなるようなその繰り返しの中で、地球や私たちを構成している元素がつくられました。そしてその流れの中で、46億年前に地球が形成され、生命が誕生し、人類まで進化したのです。地球や私たちを形づくっている物質は、137億年も宇宙を旅してきました。宇宙の歴史は今の私たちの存在に直接繋がっているのです。

　しかも、私たちはその宇宙の原初の姿を、つまり私たち自身の起源を、観測を通して見ることができるのです。本書は、地球から宇宙の果てまでの宇宙を知るための、もしくは137億年前までの道のりを辿るための案内書です。美しい天体の姿を見ながら、自分の存在に繋がる宇宙に思いをはせてもらえればうれしく思います。

　地球には、遠い宇宙から近い宇宙まで、または遥か昔の宇宙から現在の宇宙まで、様々な天体からの光が届いています。その輝きは時間と空間によって編まれた宇宙の地図なのです。

Table of Contents
目次

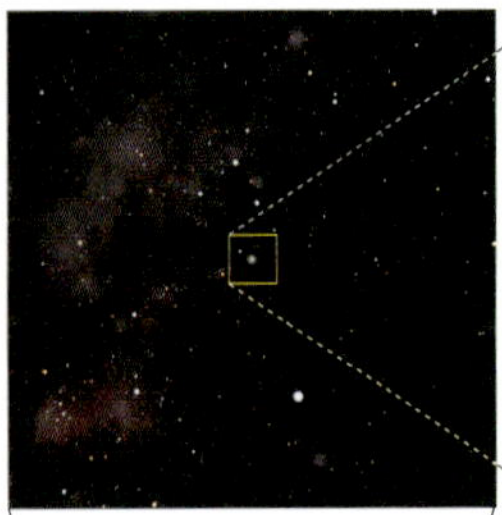

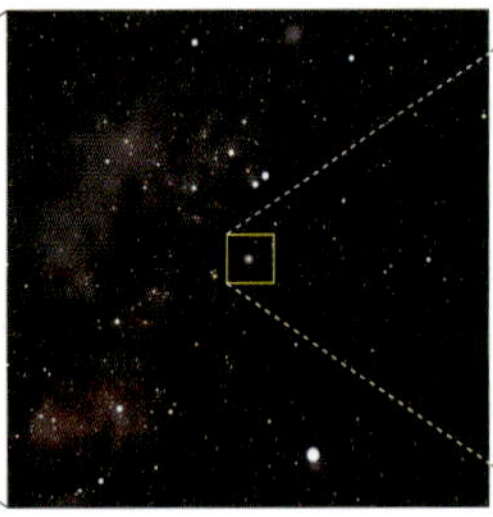

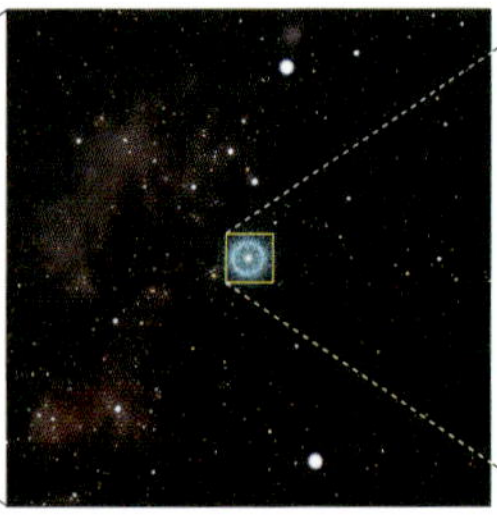

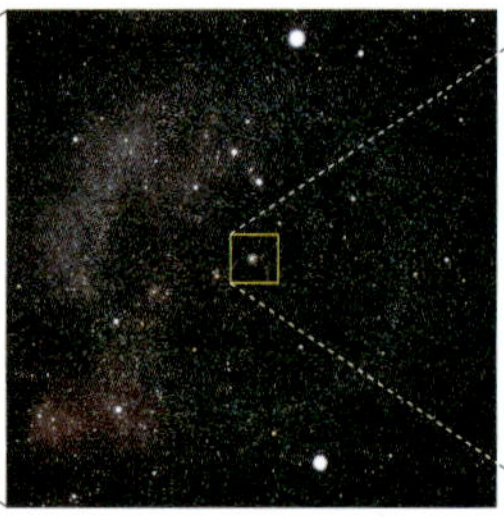

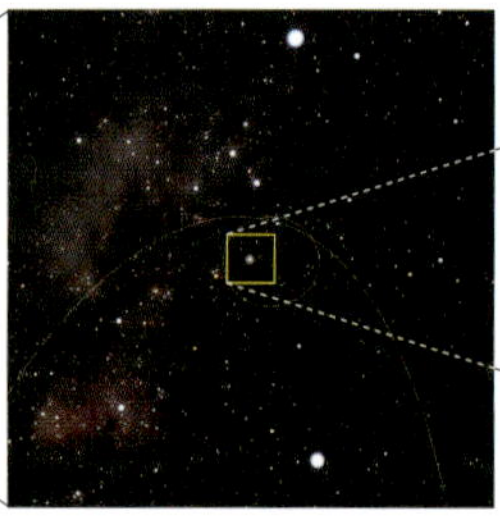

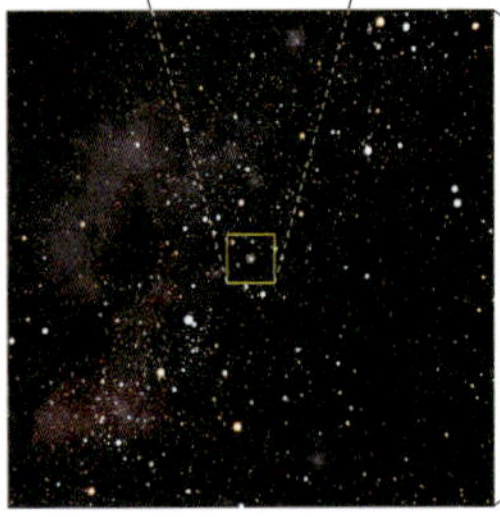

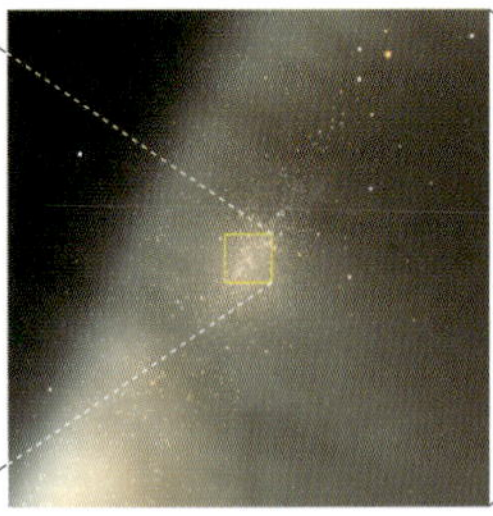

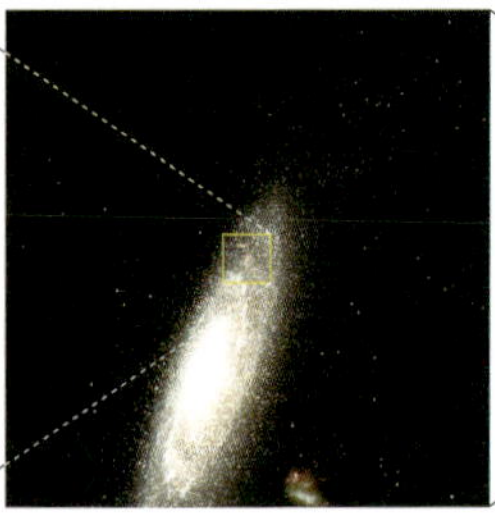

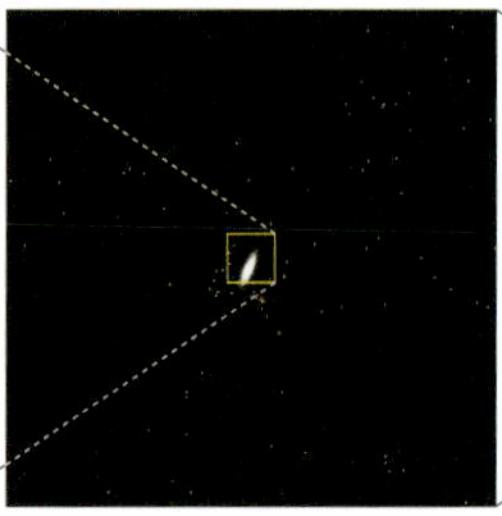

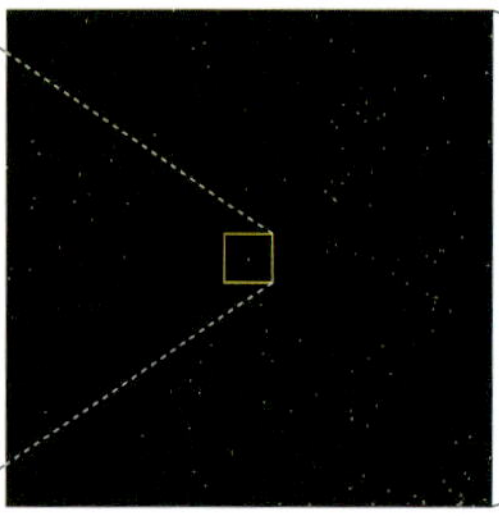

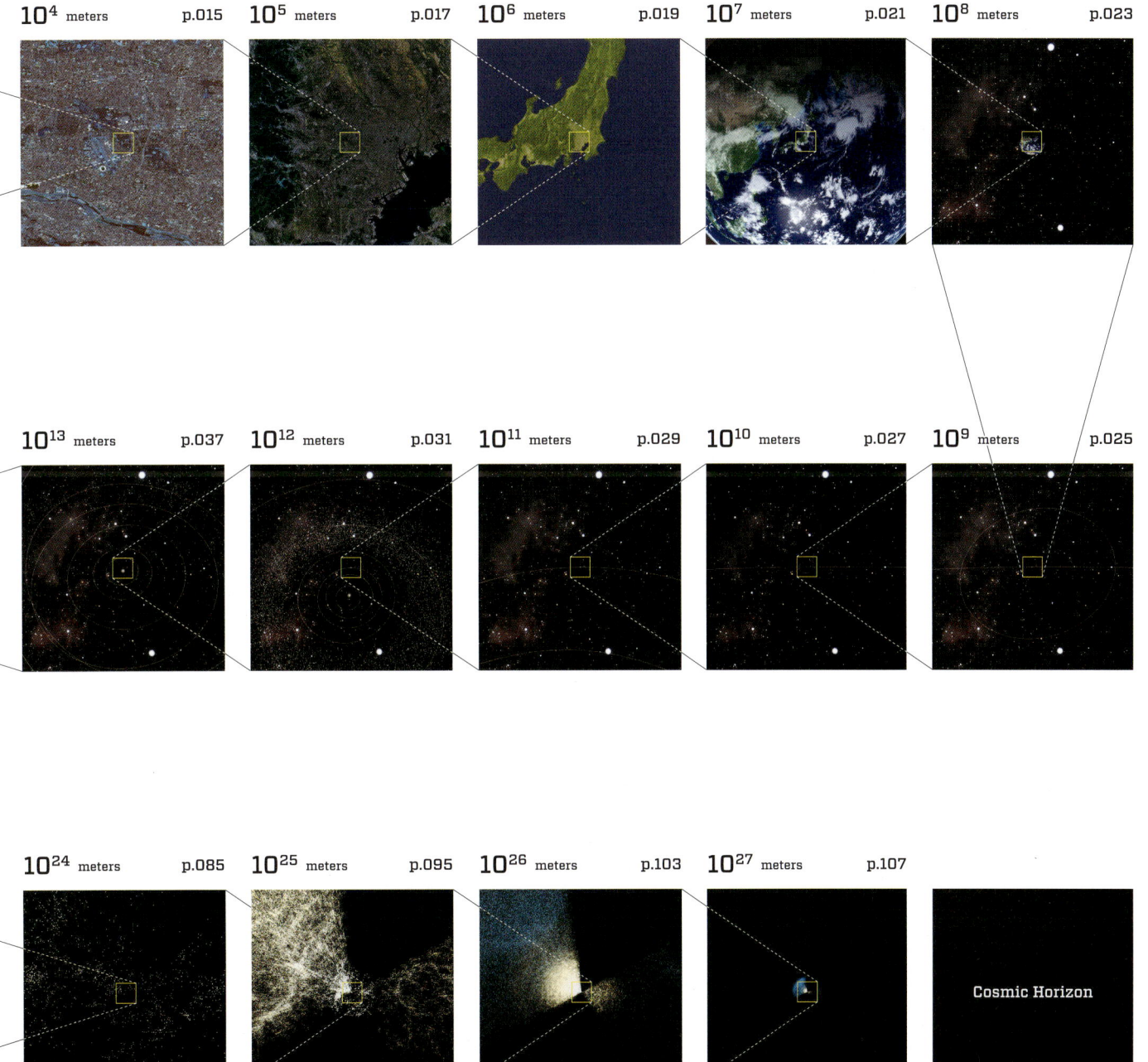

10⁰ meters

国立天文台です。
国立天文台の仕事は、天体の観測を通じて、
宇宙の神秘を明らかにすることです。
日常の生活とはあまり関係ないと
思われるかもしれませんが、
天体の運行を観測し
「春分の日」や「秋分の日」などの
暦を決めているのは国立天文台です。
また、中央標準時を決定するのも
国立天文台の役目です。

10⁰ meters

10¹ meters

国立天文台では、様々な人が働いています。
元天文少年・少女で、そのまま天文学を
仕事としている人。大学で物理学を学び、
宇宙物理を深く研究したいと働いている人。
望遠鏡や観測装置をつくることから入って、
天文台で働いている人。
また、天文のおもしろさを伝える
広報の仕事をしている人や、
事務の仕事に携わっている人もいます。

10^1 meters

10² meters

国立天文台の敷地の中には、
天文学の観測装置が、
豊かな自然とともに点在しています。
眼下の中心に見えているのは、
自動光電子午環と呼ばれる、
天体の位置を精密に観測できるよう
工夫された特殊な望遠鏡です。
南北80m離れて子午線標室があり、
これと子午環で精密な観測ができます。

10^2 meters

10³
meters

国立天文台本部の全景が見えます。
この三鷹の地に
国立天文台の前身の東京天文台が
麻布から引っ越してきたのは大正時代です。
敷地の面積は約10万坪もあり、
豊かな自然に恵まれています。
春は桜とタケノコ、秋は紅葉の名所です。
鷹などの様々な鳥を見ることもできます。
敷地内には、大赤道儀、
アインシュタイン塔（有形文化財）、
レプソルド子午儀（重要文化財）などの
古い観測施設があります。
毎日公開されていて自由に見学できます。

10³ meters

10⁴ meters

国立天文台を中心に
三鷹市、調布市、小金井市、
武蔵野市などが見えます。
三鷹市には、国立天文台のほか、
井の頭公園やジブリ美術館もあります。
調布市には、深大寺や神代植物園、
調布飛行場、サッカースタジアムなどがあり、
カルガモやカワセミなどが生息する
自然豊かな野川が流れています。
野川はやがて南に見える多摩川に合流します。
東京都内の市街地としては、
とても自然が豊かな一帯です。

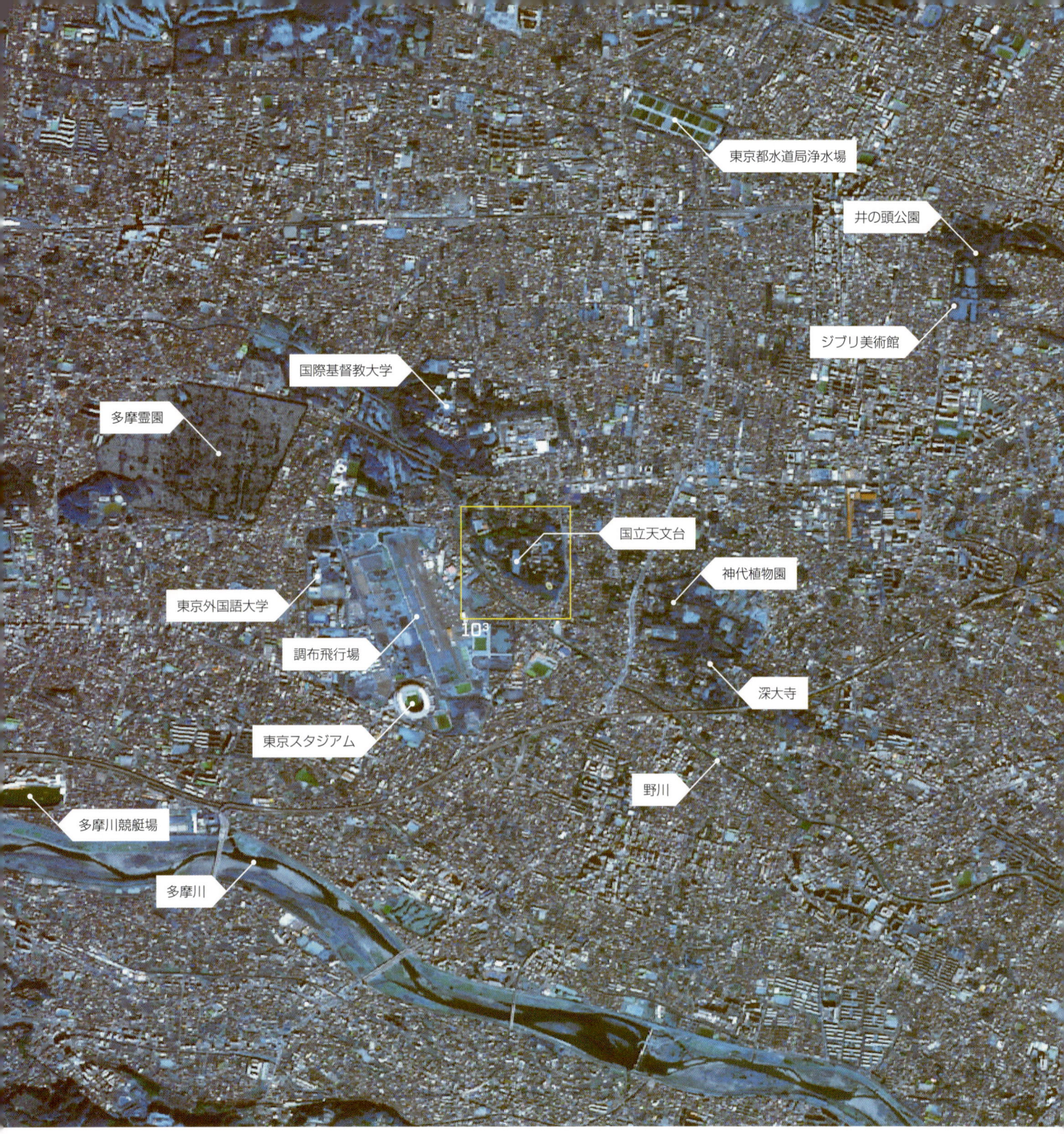

10^4 meters

10⁵ meters

関東平野が見えます。

東京湾とそこに流れる
多摩川と荒川が見えます。

西には高尾山や相模湖が、

東には東京ディズニーランドが見えます。

関東平野は約1万7千平方kmの
面積を持つ日本最大の平野です。

この平野には約3千万人の人が
暮らしているといわれています。

世界有数の経済圏です。

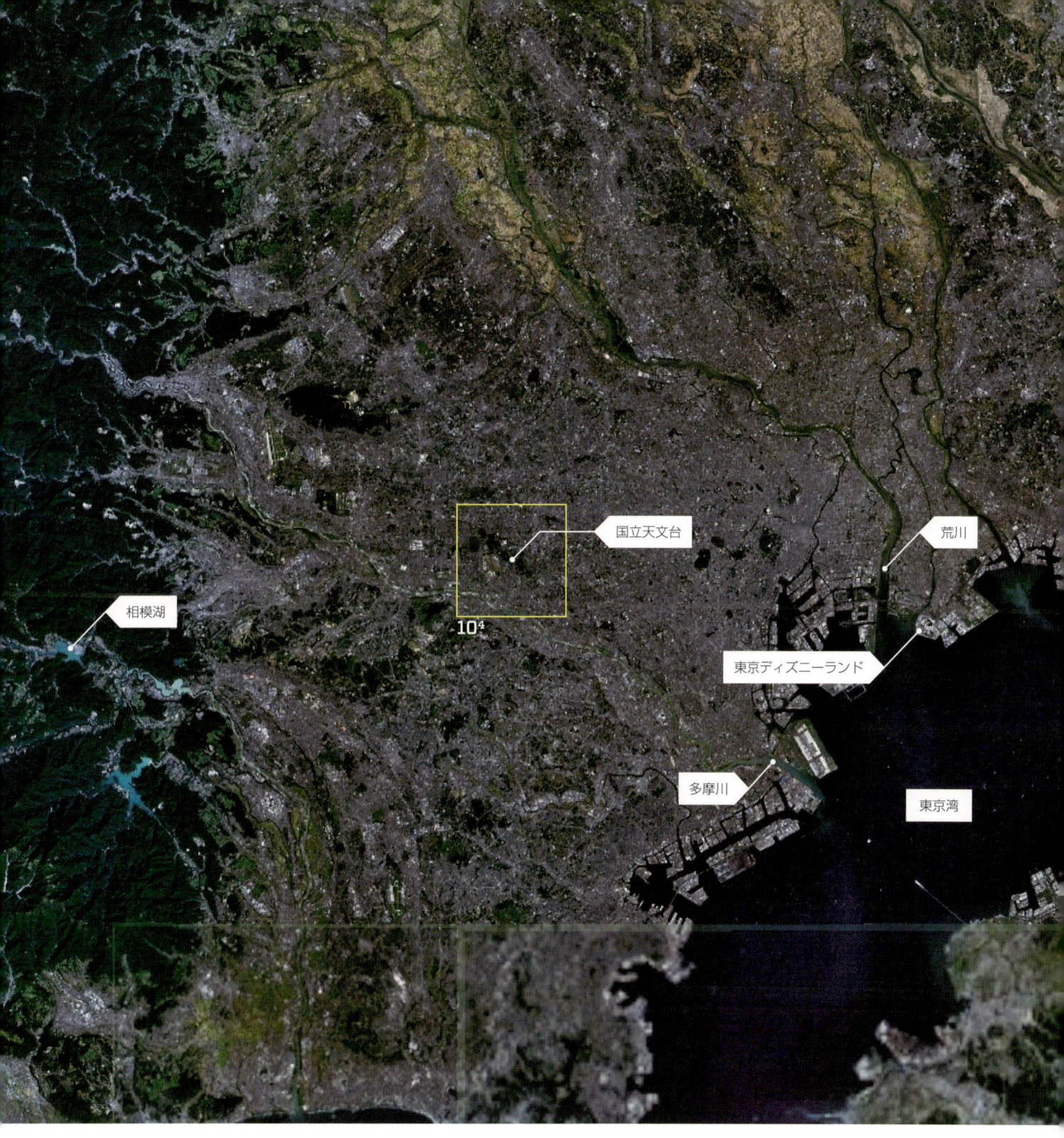

10^5 meters

10⁶ meters

日本列島が見えます。
普通、地上100km以上を宇宙と呼びます。
宇宙ステーションは、
400km上空にありますので、
立派に宇宙を飛行していることになります。
中国の漢代の書物によれば、
宇宙の「宇」は空間全体を表し、
「宙」は、過去・現在・未来を表すとあります。
つまり、「宇宙」は
4次元時空全体を意味するのです。
やがてその意味の深さがわかるはずです。

10⁶ meters

10⁷ meters

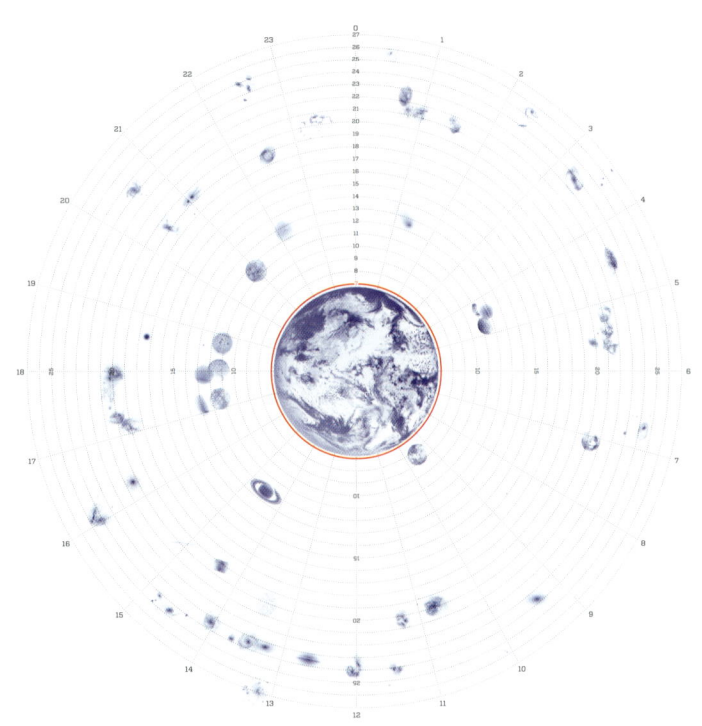

東アジアが見えています。
青い海、白い雲、緑と茶色の大地で
構成されています。
日本には、37万平方 km の国土に
約1億2千万人の人々が住んでいます。
大きな太平洋やアジア大陸と比べると、
日本はなんと小さな国でしょう。
しかし、春夏秋冬の四季があり、
緑豊かな山々や、きれいな水を
たたえた川や湖があります。
一人一人が自信を持って、
この美しい日本をより輝かせていきましょう。

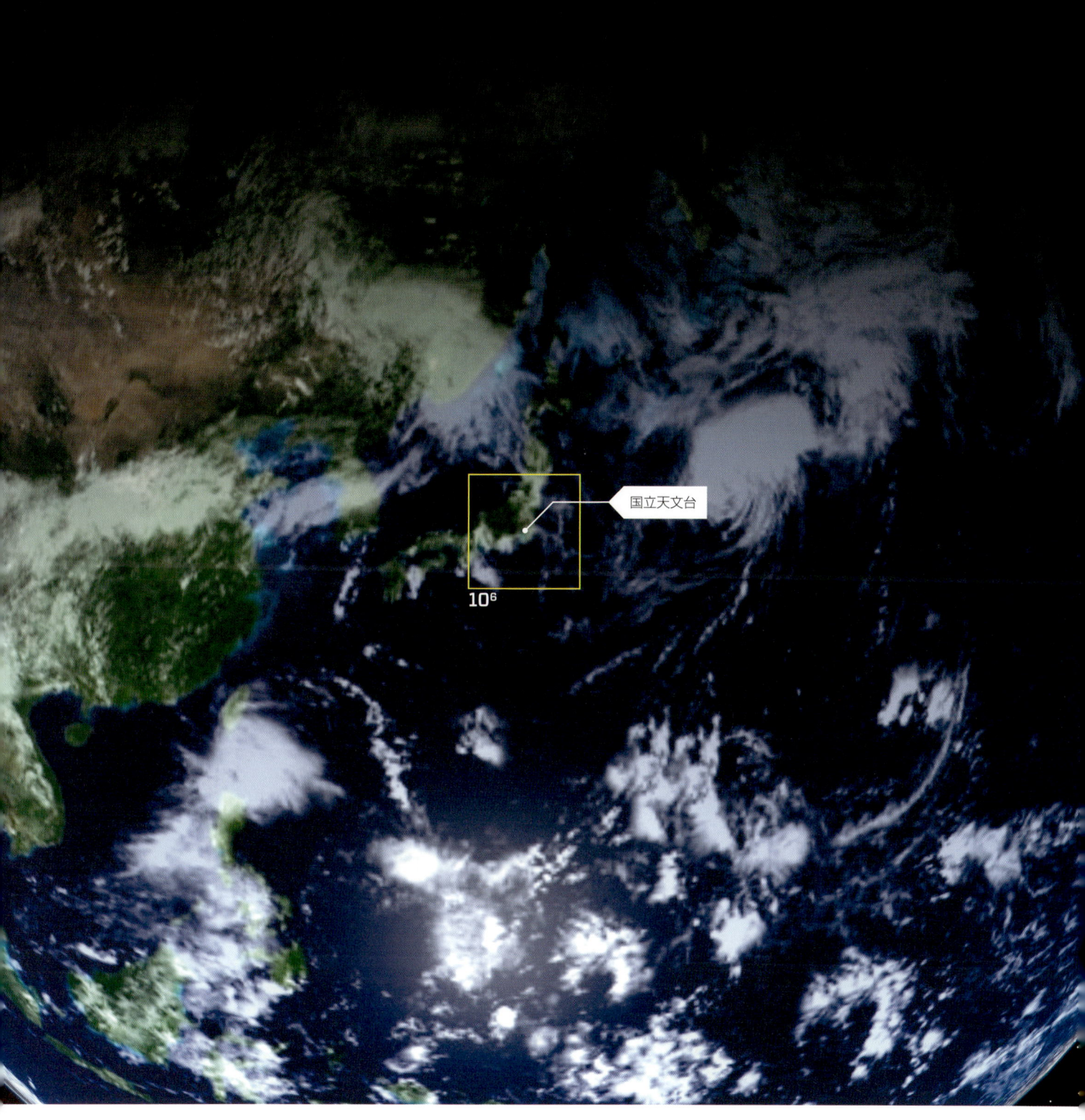

10⁶
国立天文台

10⁷ meters

10^8 meters

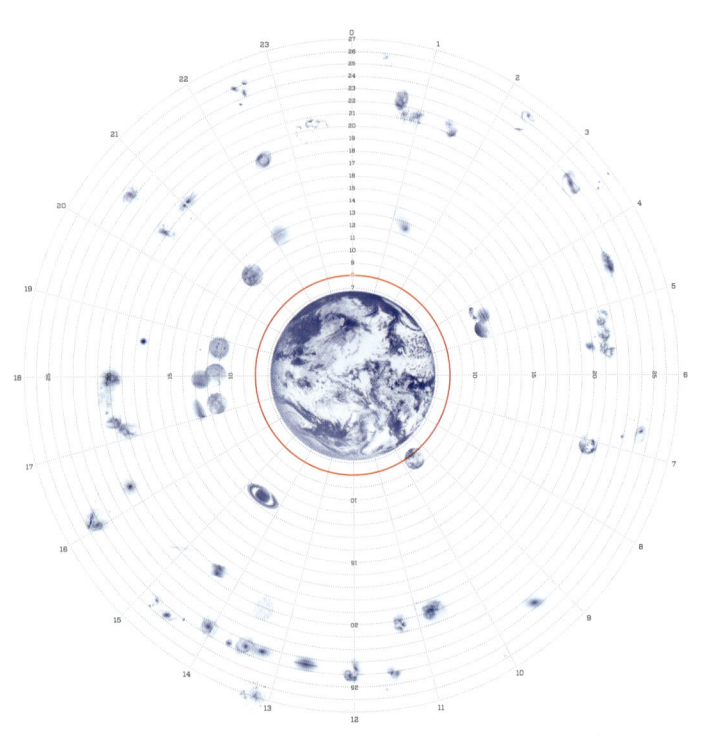

地球が空間にぽっかり浮かんでいます。
太陽の周りにある惑星のうち、大量の水、
つまり海をたたえた惑星は地球だけです。
この大量の水の存在が、生命の発生に
大きく関係していると考えられています。
大気（空気）に酸素が
大量に含まれていることも
地球の大きな特色です。
たとえば、火星や金星の大気は
ほとんど二酸化炭素です。
地球の大気は、
46億年という長い歴史の中で、
海が二酸化炭素を吸収し、
植物が酸素をつくってくれたおかげのものです。

地球
Earth
［ちきゅう］

太陽からの平均距離　1.5×10^{11} m

およその大きさ　1.3×10^7 m

生命を宿す水の惑星、地球。
私たちのふるさとです。
青は海、白は雲と氷の色で、
どちらも水の色。
表面の約70％が海で覆われています。
地球は太陽からちょうどいい距離に、
ちょうどいい大きさで誕生したので、
現在のような環境が
実現されたと考えられています。

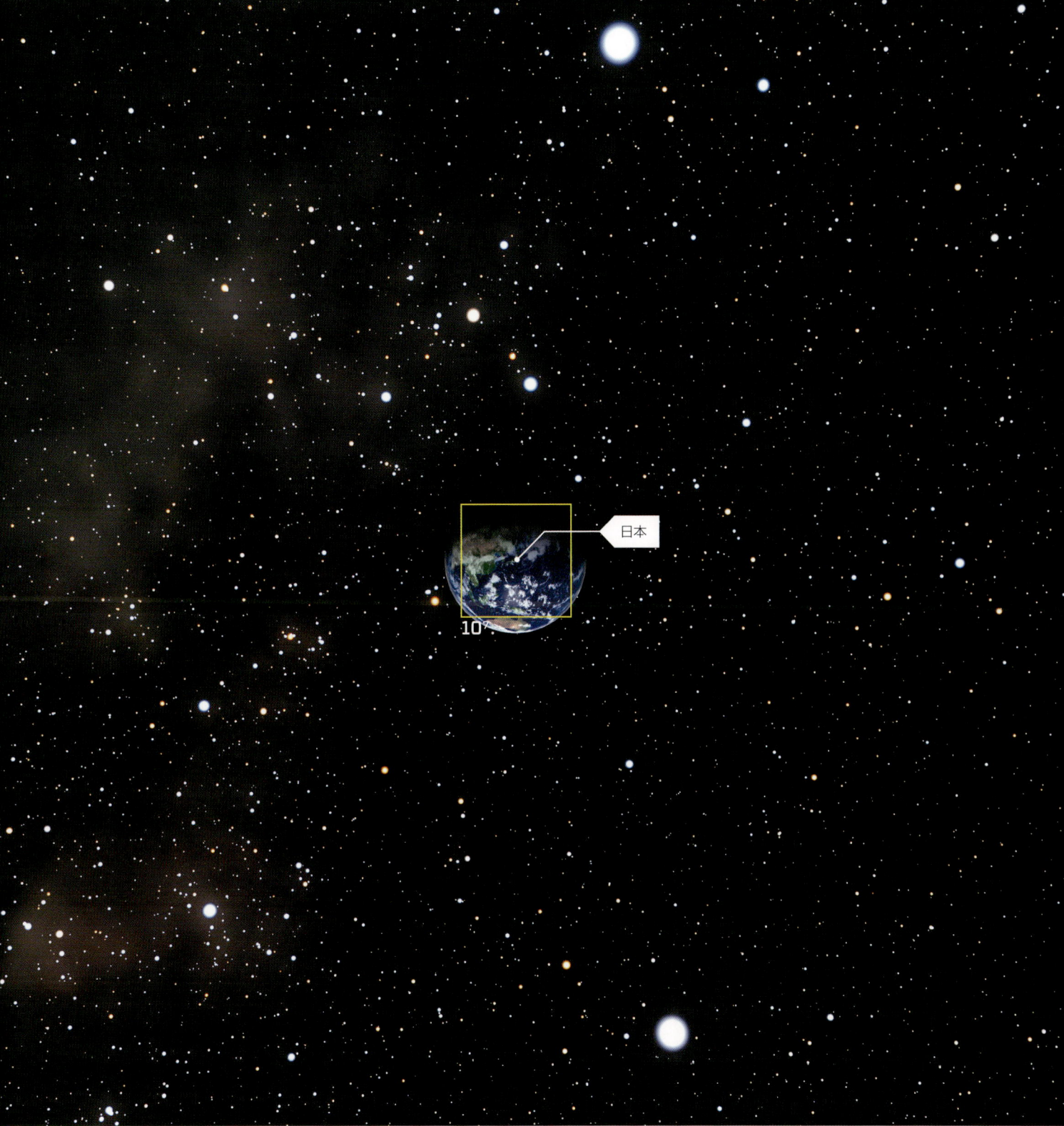

10^8 meters

10^9 meters

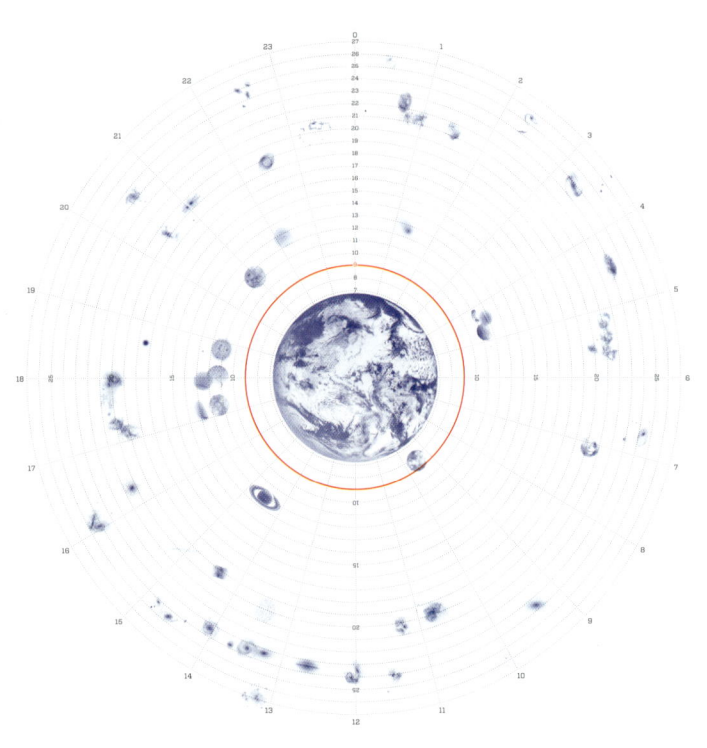

月の軌道が見えてきました。
地球にもっとも近い天体ですが、
地球から39万kmはなれていて、
直径3,474km、質量は地球の81分の1です。
月は、約27.3日かけて、地球の周りを回ります。
月の満ち欠けはありますが、
自転と公転の周期がそろっているので、
地球からはいつも同じ模様が見えます。
2011年現在、人類が到達した
もっとも遠い場所でもあります。

月
Moon
[つき]

地球からの距離 3.9×10^8 m

およその大きさ 3.5×10^6 m

地球の衛星、月。
黒い部分は海、白い部分は高地とよばれ、
違う種類の岩石からできています。
月は太陽系で惑星に対する質量比が
もっとも大きな衛星です。
月の成因としては、地球形成の最後に
火星程度の天体が衝突して
その破片から形成されたとする
巨大衝突説が有力です。

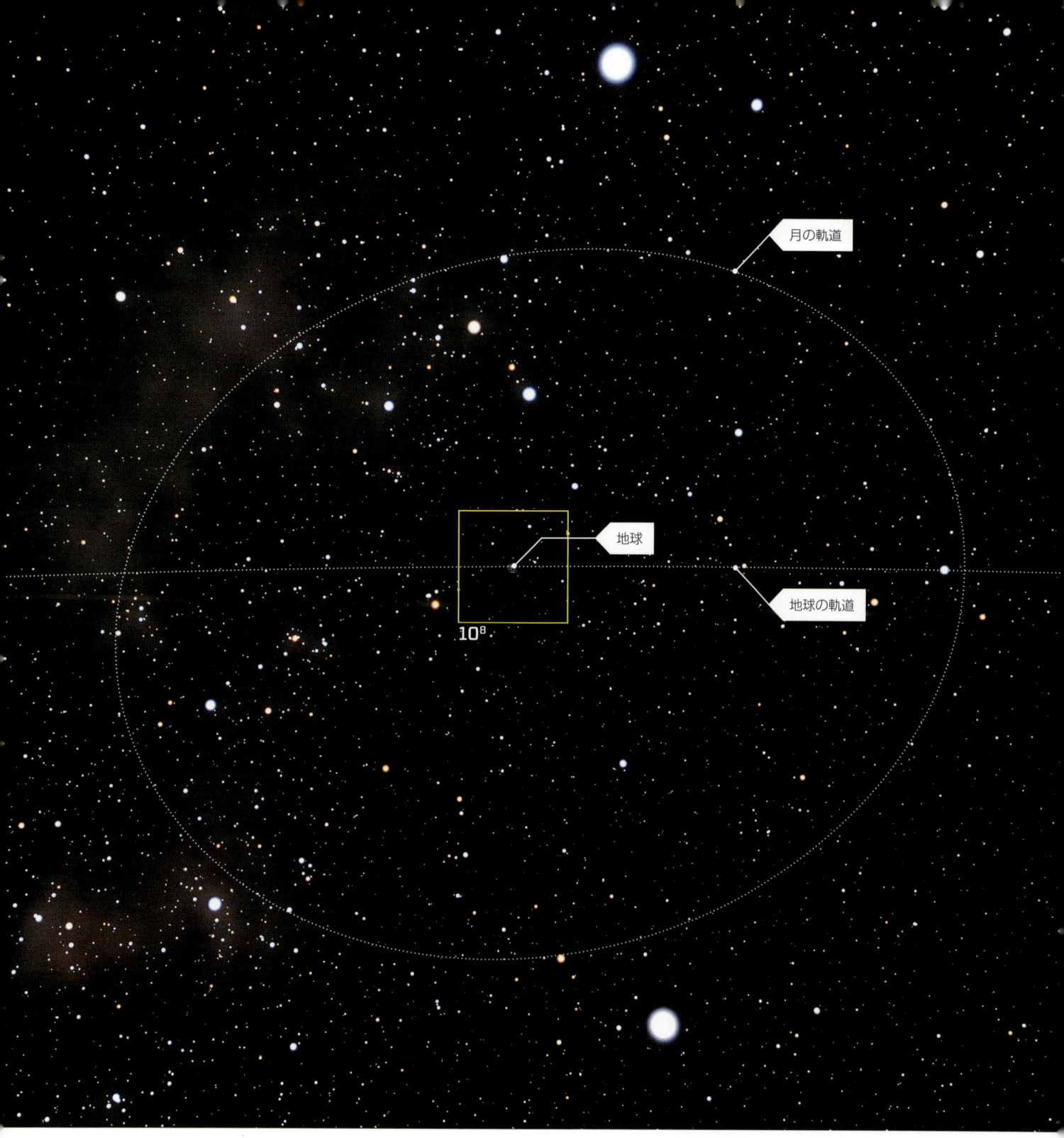

10⁹ meters

10^{10}
meters

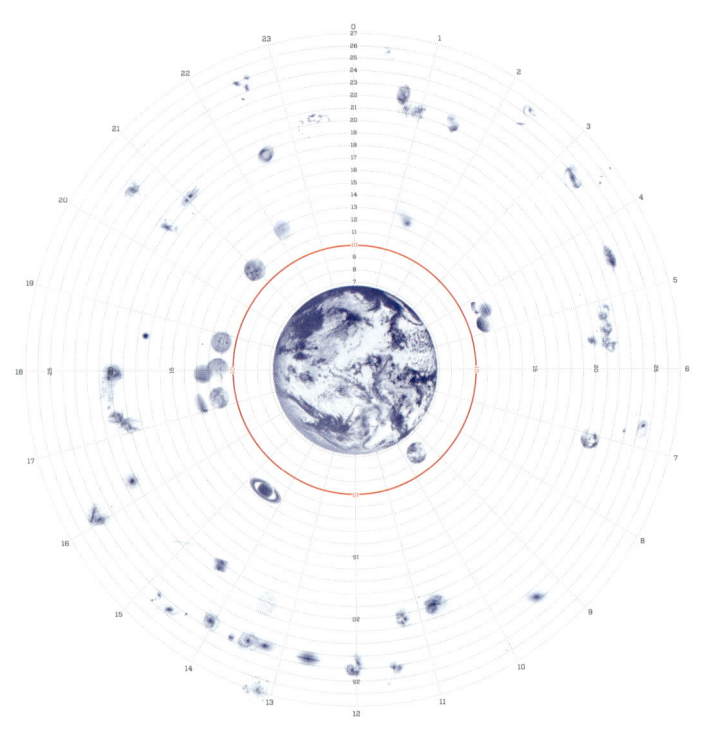

地球の公転軌道が見えます。

地球はこの軌道の上を

365.24日かけて回っています。

地球の自転軸は、この公転面に垂直でなく

23.4度傾いています。そのため太陽が

よく当たる時期が変わり、季節が生まれます。

地球と太陽の距離の平均値は

1億5千万kmです。太陽表面を出た光は、

約500秒かけて地球に到達します。

私たちが見ている太陽は、

いつも8分20秒前の姿なのです。

太陽と地球を結んだ線と

地球の自転軸が垂直になるとき、

それが春分や秋分となります。

イトカワ
Itokawa

太陽からの平均距離　2.0×10^{11}m

およその大きさ　500m

地球に近づく小惑星。
大きさは長いところで約500m。
大小の石が集まったかたまりだと
考えられています。
最接近時には地球に数百万kmまで
近づきます。JAXAの探査機
はやぶさが7年かけて持ち帰った
イトカワの塵は、太陽系の起源を探る
手がかりとなります。

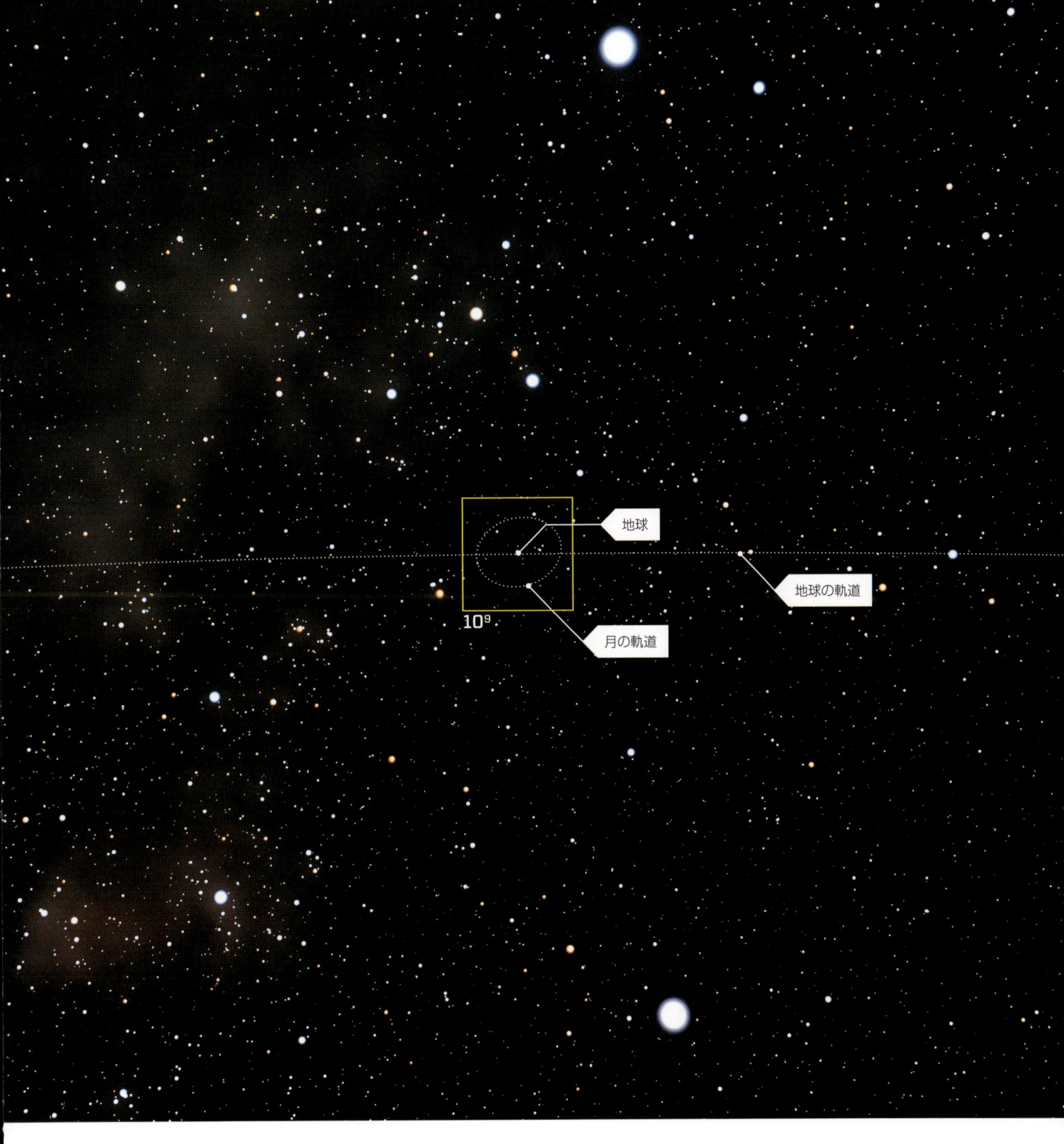

10^{10} meters

10^{11}
meters

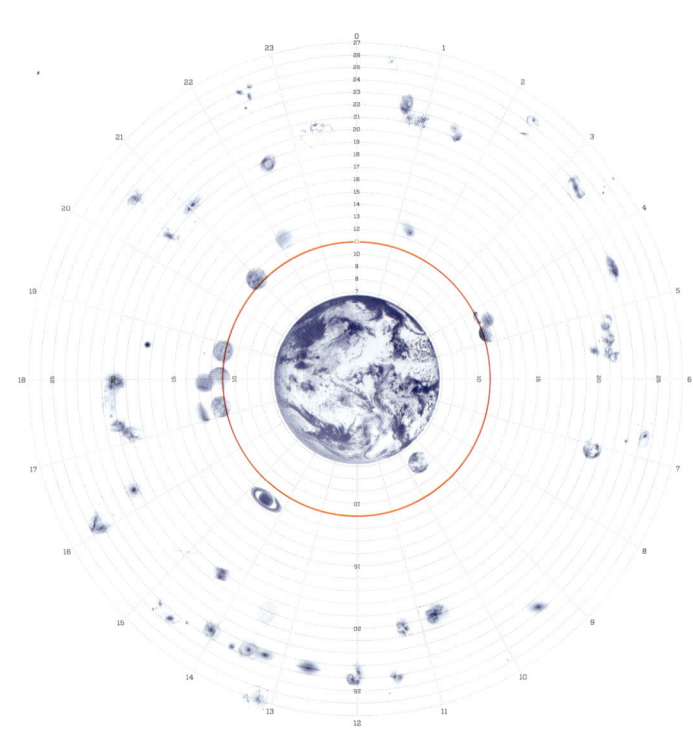

金星、地球の軌道が見えてきました。
水星も含めてこれらの惑星は、
主として岩石でできた惑星です。
金星は、明けの明星、宵の明星として
名高い美しい惑星です。
とても明るく、目のよい人は
昼間でも見ることができるといいます。
惑星は瞬かないので、
夜空でそのほかの恒星と区別できます。

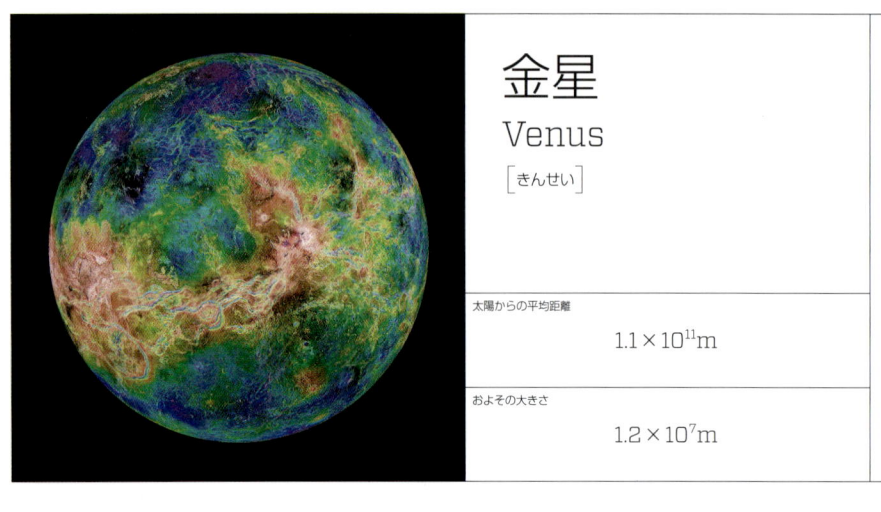

金星
Venus
[きんせい]

太陽からの平均距離
1.1×10^{11} m

およその大きさ
1.2×10^{7} m

金星は90気圧にも達する二酸化炭素の
厚い大気に覆われています。
軌道と質量が地球にもっとも
近い惑星ですが、地球より少しだけ
太陽に近かったために、このような
環境になったと考えられています。
画像はレーダー観測によって描かれた
地形図で、実際は厚い大気のため
このようには見えません。

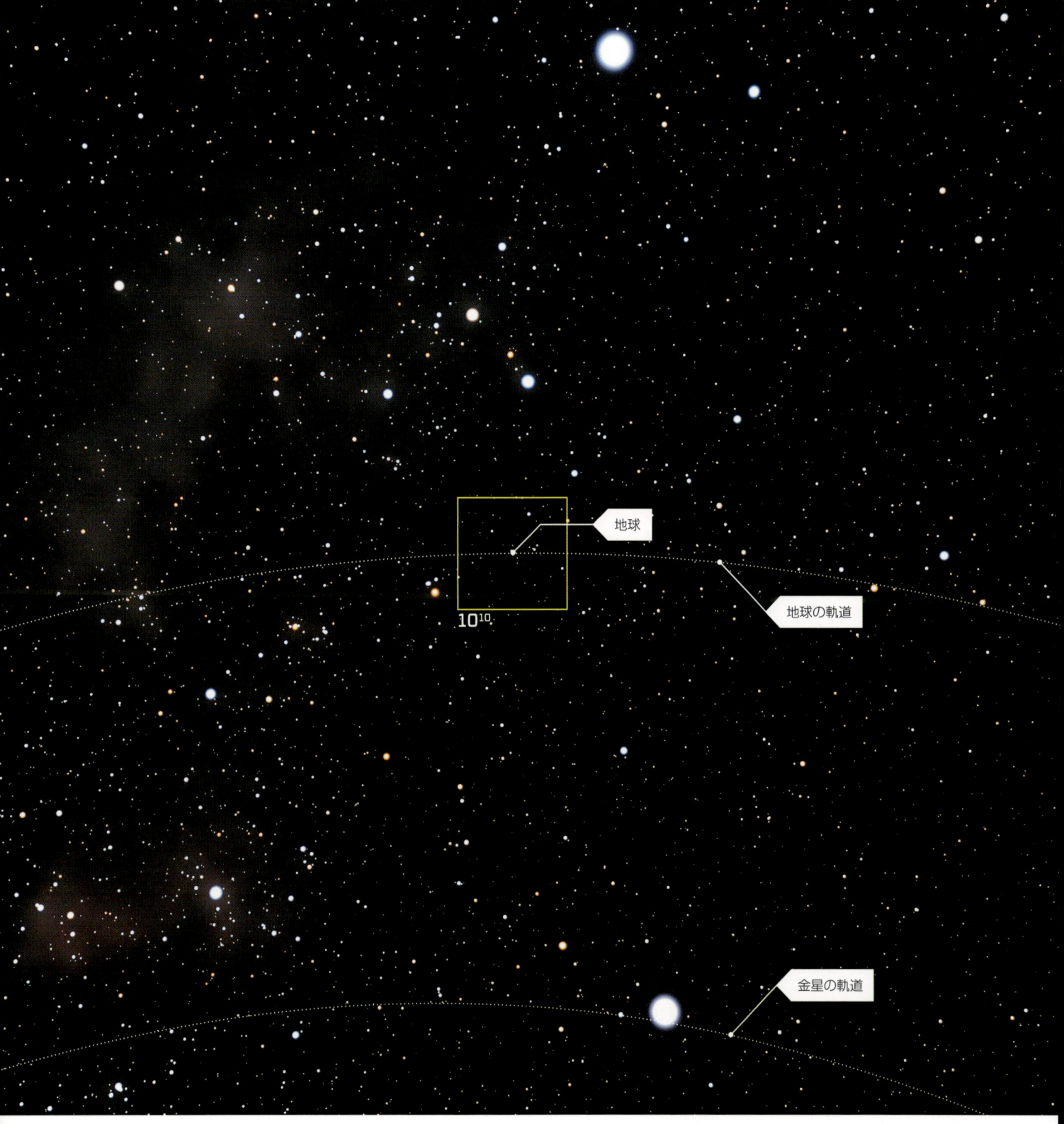

10¹¹ meters

10^{12}
meters

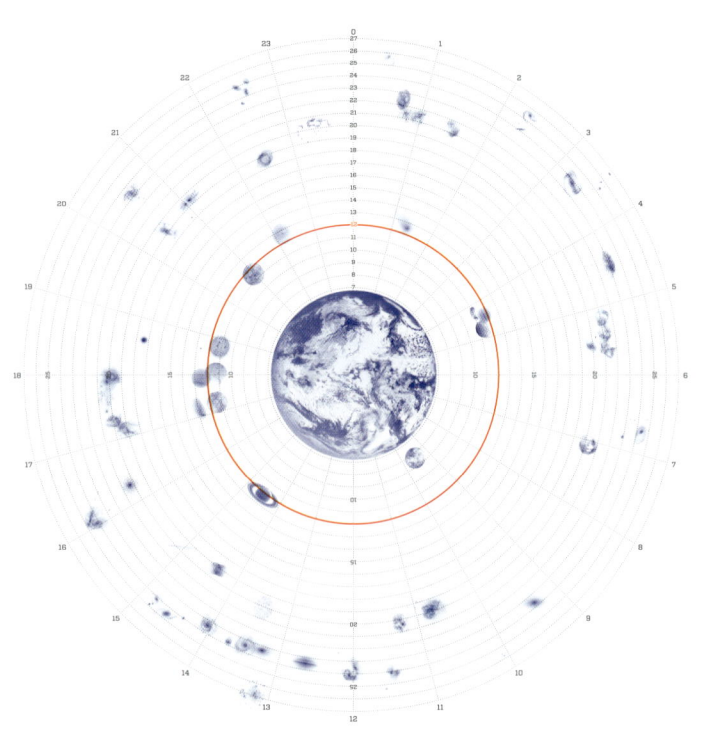

火星は、赤い惑星です。
火星表面には液体が流れた跡があるので、
生命が存在したのではないかと
期待されています。
火星の外側には小惑星帯が見えます。
小惑星とは、数百km以下の大きさの
小さな天体です。小惑星帯には
数十万個以上の小惑星があります。
一方、地球に近づく小惑星の一つにイトカワが
あります。JAXAの探査機はやぶさが
7年もかけて往復して砂粒を持ち帰りました。
地球が生まれた頃（46億年前）の
太陽系の状態が封印されていると、
その分析に期待が込められています。

ヴェスタ
Vesta

太陽からの平均距離
3.5×10^{11}m

およその大きさ
5.3×10^{5}m

ヴェスタは直径約530kmの
2番目に質量の大きな
小惑星です。
火星と木星の軌道の間にある
小惑星帯に存在しています。
2011年にNASAの
探査機ドーンが訪れ、
表面にたくさんのクレーターが
あることがわかりました。

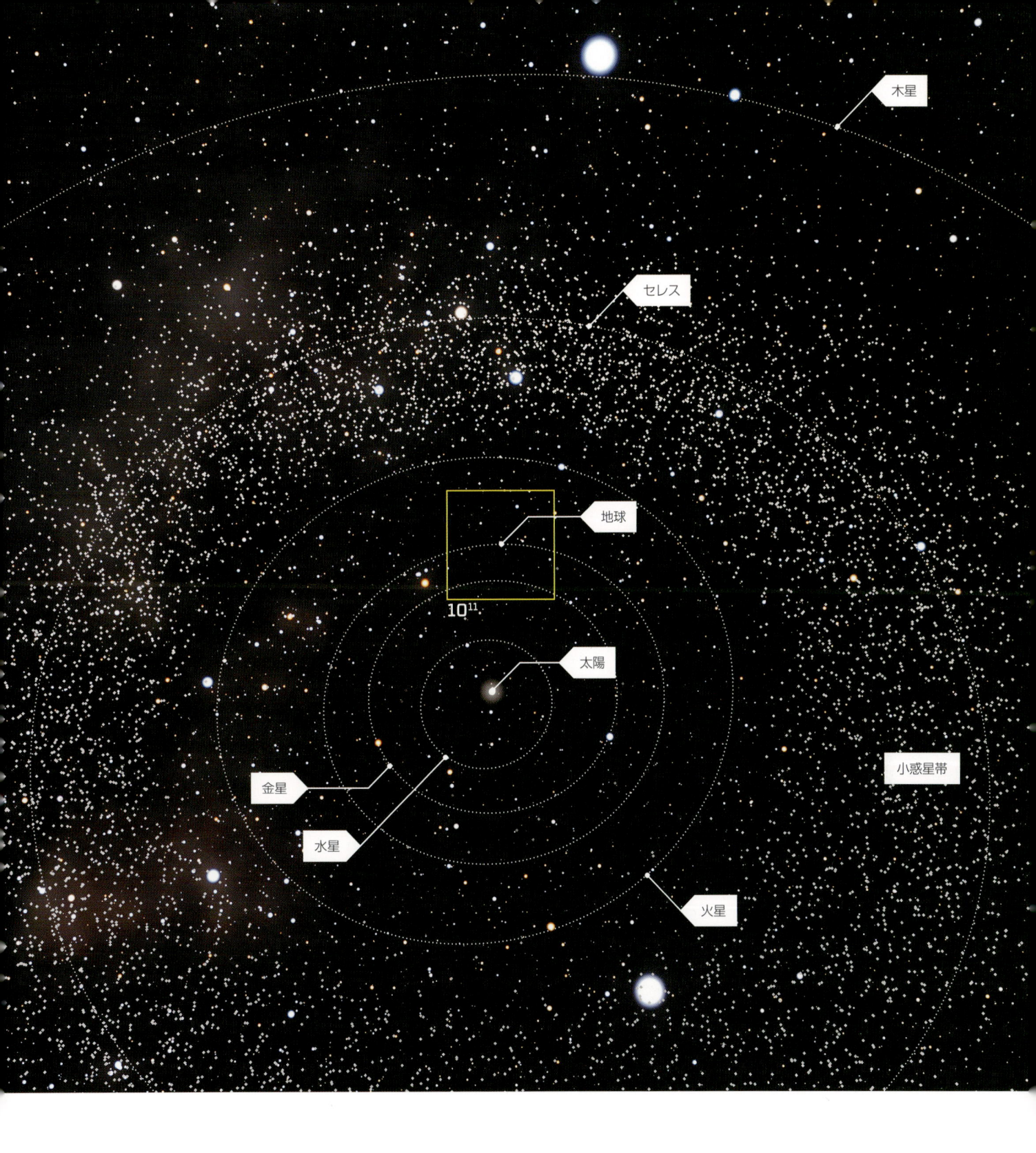

10^{12} meters

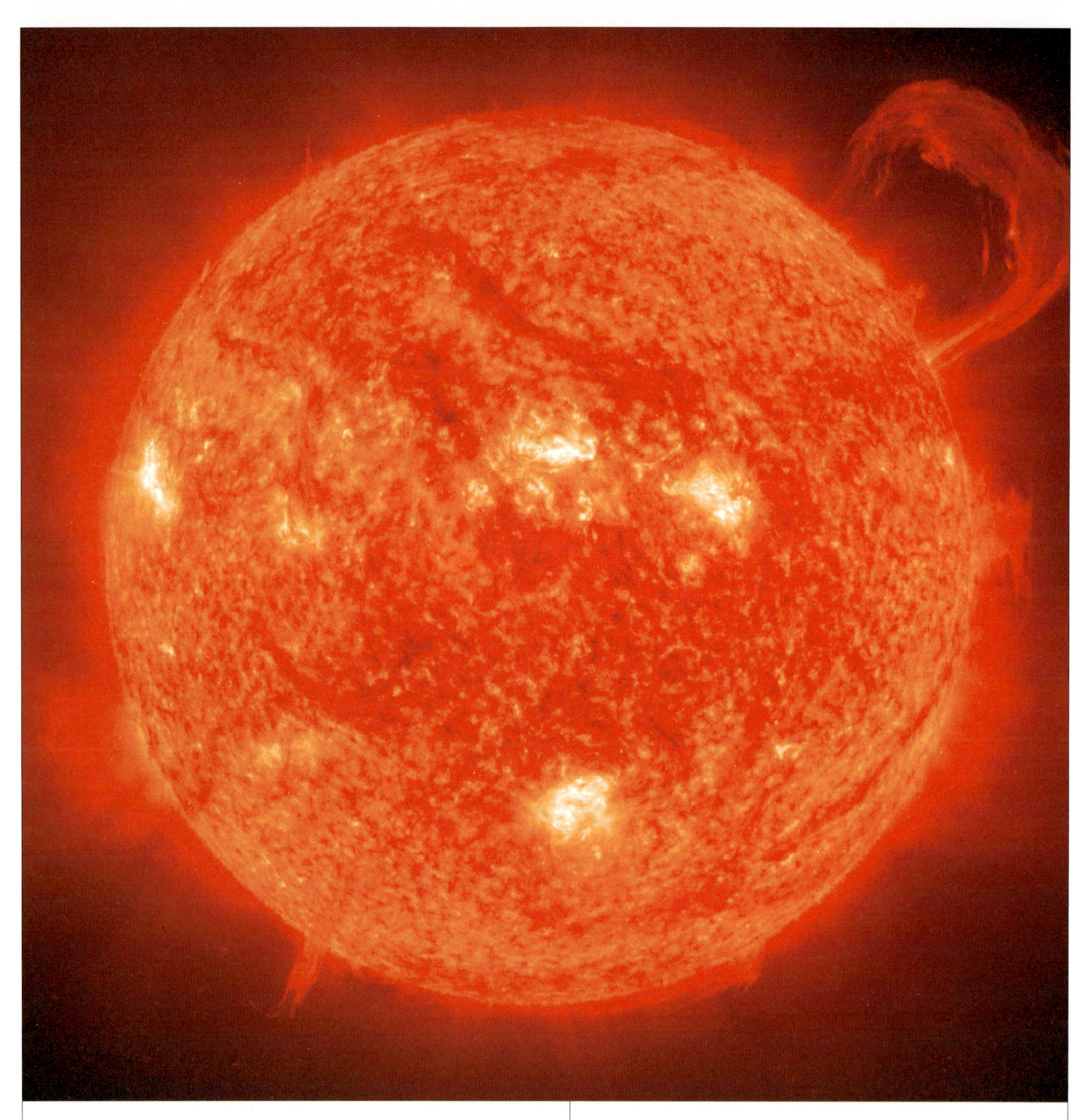

太陽
Sun
［たいよう］

太陽系の中心であり、地球を照らしてくれる母なる星。
太陽は水素の核融合によって輝く恒星です。
主に水素とヘリウムでできていて、地球と比較すると
大きさは約100倍、質量は30万倍もあります。
表面は活発に活動しており、右上の巨大な爆発は
地球の10倍以上の大きさにもなります。現在約46億歳で、
これから約50億年は輝き続けると考えられています。

地球からの平均距離	およその大きさ
1.5×10^{11} m	1.4×10^{9} m

水星
Mercury
[すいせい]

太陽からの平均距離	およその大きさ
5.8×10^{10} m	4.9×10^{6} m

もっとも太陽に近く、最小の惑星である水星。
質量が小さいため大気を保持できず、
クレーターに覆われた表面が見えています。
その高い密度から質量の60%以上が
鉄であると考えられています。
現在、NASAの探査機メッセンジャーが
観測を行っています。

火星
Mars
[かせい]

太陽からの平均距離	およその大きさ
2.3×10^{11} m	6.8×10^{6} m

赤茶色に枯れた火星。
表面が赤っぽく見えるのは
岩石に含まれている酸化鉄のためです。
誕生直後に水が存在した痕跡が
発見されていますが、現在は乾いています。
極地方には白く見える極冠という
水と二酸化炭素の氷が存在します。

木星
Jupiter
[もくせい]

太陽からの平均距離	およその大きさ
7.8×10^{11} m	1.4×10^8 m

太陽系最大の惑星、木星。質量は太陽の1/1,000にもなります。主に水素とヘリウムのガスでできています。表面には複雑な模様があり、大赤斑とよばれる巨大な渦が存在します。ガリレオが発見した大きな4個の衛星はガリレオ衛星とよばれます。その一つのエウロパには表面を覆う氷の下に海がある可能性があり、地球外生命発見の夢が広がっています。

10^{13}
meters

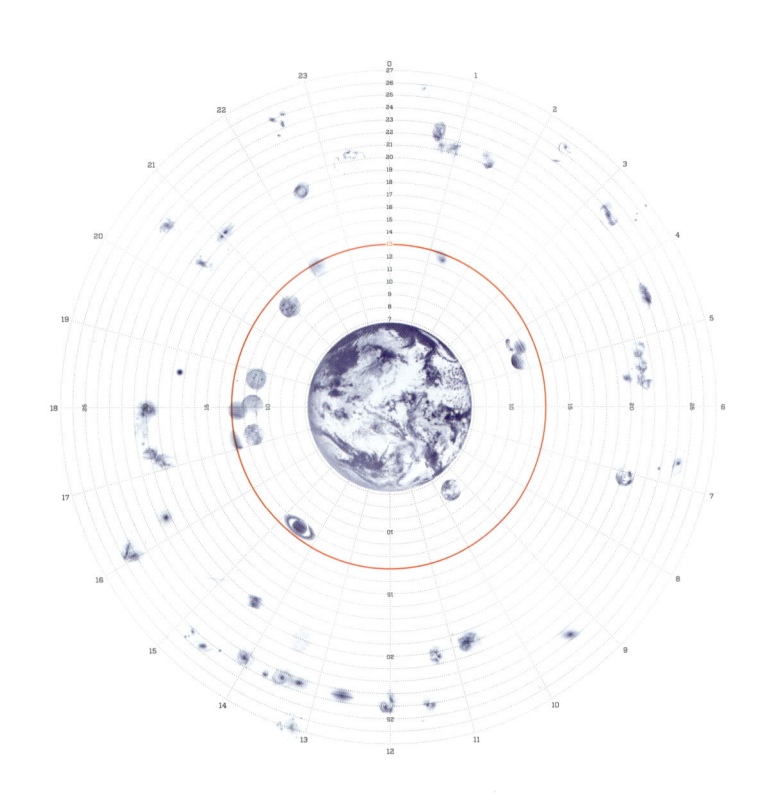

木星、土星、天王星、海王星の軌道が見えます。

土星はその美しい環で人気があります。

木星や土星はガスでできたガス惑星です。

木星は地球の重さの300倍以上、

土星は95倍程度です。

一方、天王星や海王星は、氷でできた惑星です。

重さは地球の15～17倍です。

太陽系の8個の惑星は、

ほぼ同一の平面内を公転しています。

冥王星
Pluto
［めいおうせい］

太陽からの平均距離

5.9×10^{12} m

およその大きさ

2.3×10^6 m

冥王星は2006年に惑星ではなく太陽系外縁天体と分類されました。太陽系外縁天体とは海王星軌道の外側に存在する小天体で、1992年の最初の発見以来、約1,400個ほど知られています。まだ探査機が訪れたことがなく、詳しいことはわかりません。現在向かっているNASAの探査機ニューホライズンズは、2015年に到着予定です。

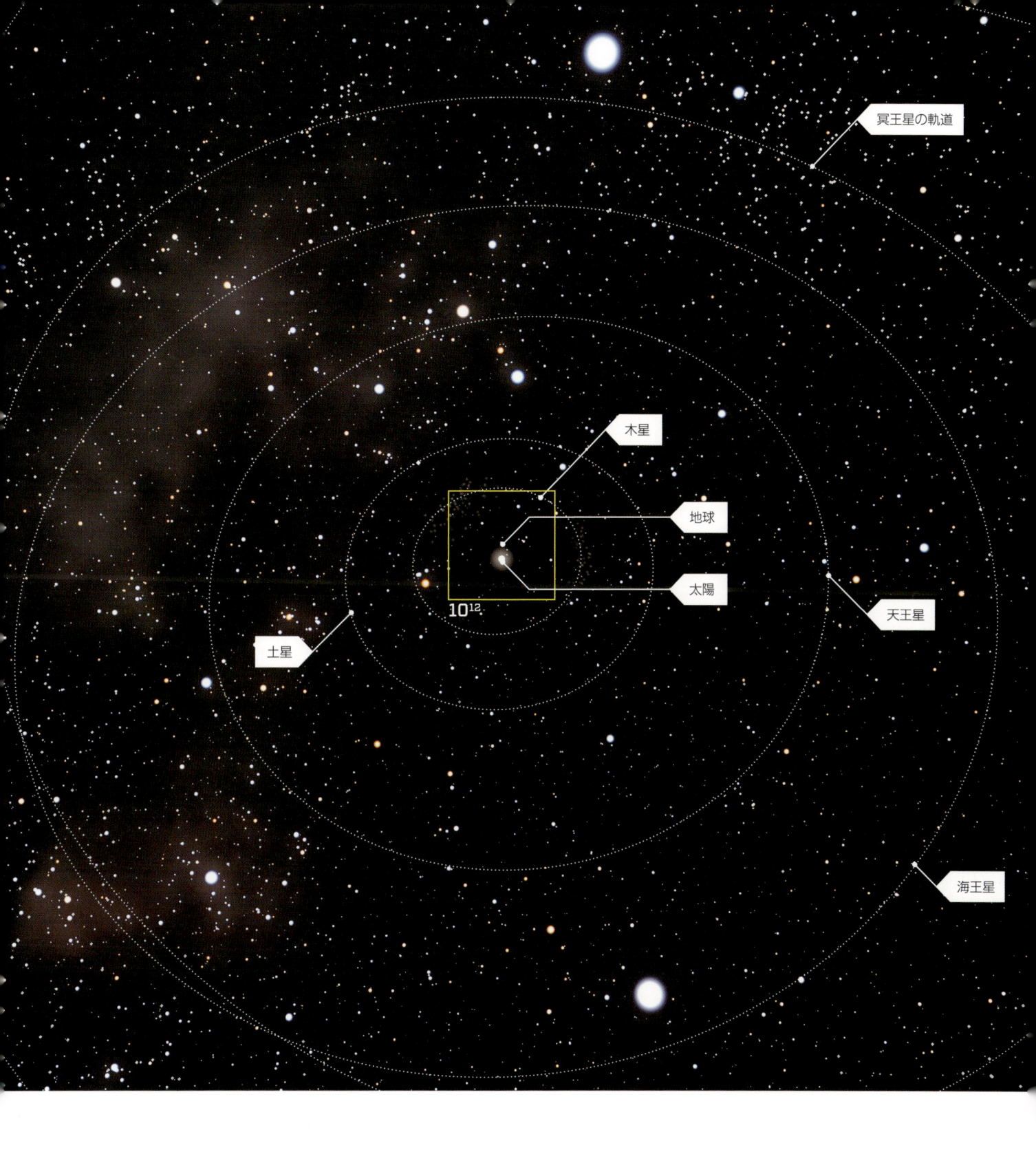

10^{13} meters

冥王星の軌道
木星
地球
太陽
土星
天王星
海王星

10^{12}

土星
Saturn

[どせい]

太陽からの平均距離	およその大きさ
1.4×10^{12} m	1.2×10^8 m

環が美しい土星。
土星も木星と同じ
ガスでできている惑星です。
衛星タイタンには有機物の湖が
見つかっています。
現在、NASAの探査機カッシーニが
観測を続けています。

土星の環
Saturn's Rings
［どせいのわ］

太陽からの平均距離	明るい環の部分の半径
1.4×10^{12} m	1.0×10^{8} m

土星の美しい環は
1cm から1m くらいの
無数の氷の粒子でできています。
縞模様は粒子が整列することで
できているのです。
半径は10万 km もありますが、
厚みはわずか数十 m くらいしかありません。

天王星
Uranus
［てんのうせい］

太陽からの距離	およその大きさ
2.9×10^{12} m	5.1×10^{7} m

天王星は自転軸が横倒しになっています。つまり、惑星の赤道面が公転面に対してほぼ90度傾いているのです。
衛星や環も赤道面上に存在しています。
なぜこのようになったのかは謎です。
天王星と海王星にはNASAのボイジャー2号以降、探査機が送られていません。

海王星
Neptune
［かいおうせい］

太陽系最遠の惑星である海王星。海王星と天王星は主に水とアンモニアとメタンの氷からできていて、水素とヘリウムの大気をもちます。青い色は大気中のメタンの色です。もっと太陽に近いところで生まれ、それから今の位置に移動したのではないかと考えられています。

太陽からの距離	およその大きさ
4.5×10^{12} m	5.0×10^{7} m

10^{14}
meters

セドナやエリスの軌道が見えています。
エリスは、冥王星(めいおうせい)が惑星から準惑星(じゅんわくせい)になる
きっかけとなった準惑星です。
冥王星は最初は、地球より大きいと
思われていましたが、望遠鏡の性能(せいのう)が上がって、
月より小さいことがわかりました。
さらに、より大きいエリスが見つかりました。
そこで、冥王星を特別扱いで惑星と
よぶのはやめて、エリスも含めて
惑星より小さな天体、
準惑星とよぶことにしたのです。

パイオニア・プラーク
Pioneer Plaque

太陽からの距離

1.6×10^{13} m

初めて木星以遠(いえん)の太陽系を訪れた
NASAの探査機パイオニアと
ボイジャーには知的生命への
メッセージが搭載(とうさい)されています。
パイオニアには人間や
太陽系の位置などを表した金属版(きんぞくばん)が、
ボイジャーには自然(しぜん)の音や
様々(さまざま)な国の言葉や音楽(おんがく)が記録(きろく)された
レコードが搭載されています。

セドナ
エリス
太陽
10^{13}

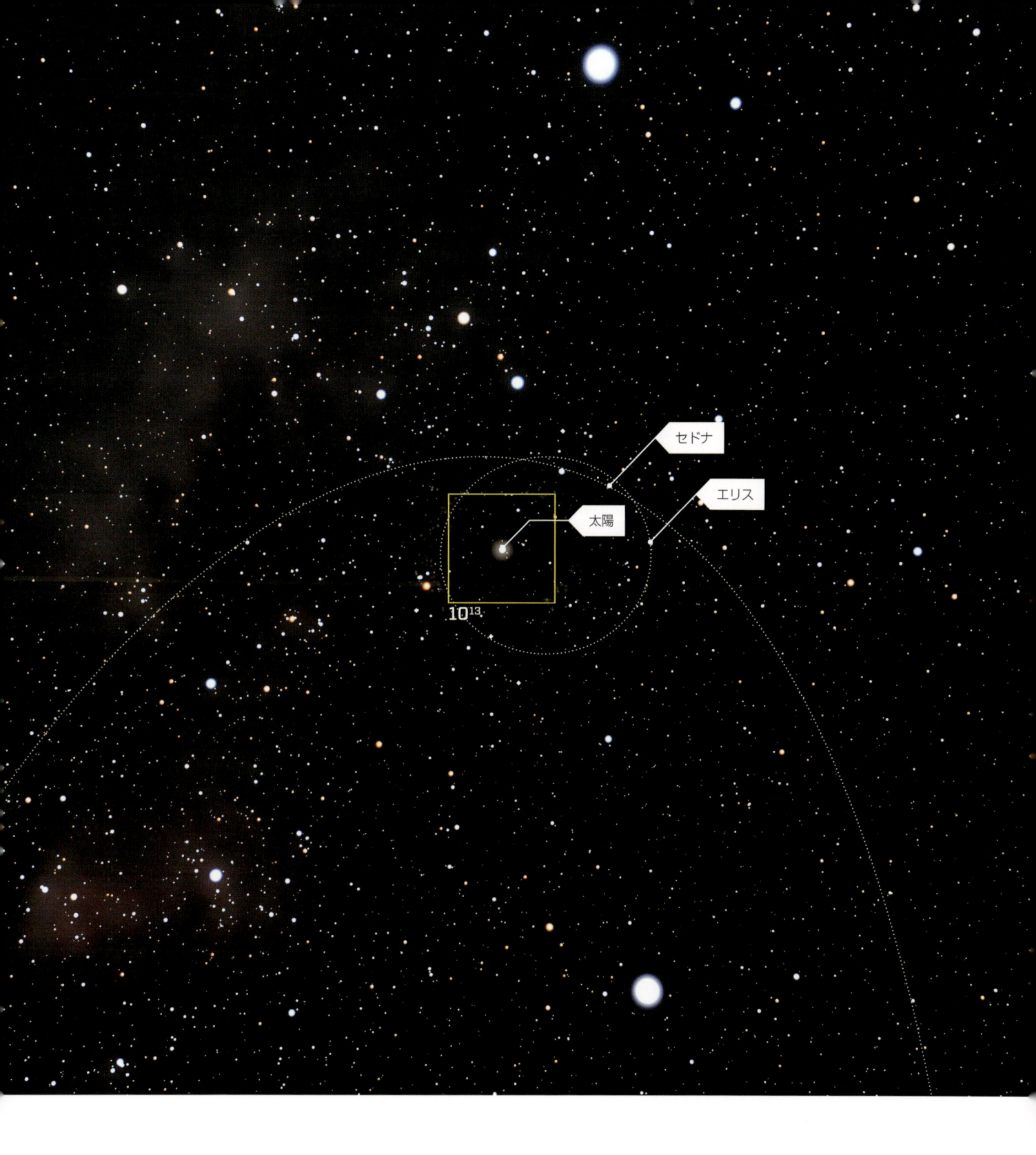

10^{14} meters

10^{15} meters

セドナの軌道は、
惑星と違って細長い楕円軌道です。
太陽を一周するのに1万1千年もかかります。
冥王星やエリス、セドナは、
太陽系外縁天体とも呼ばれていて、
多くは、楕円軌道で、惑星の回っている
平面からずれた軌道を取っています。
惑星になりきれなかった天体と考えられます。
今までに、太陽系外縁天体は
千個以上見つかっています。
ちなみに、冥王星の名づけ親は野尻抱影です。
他の惑星の漢字名は中国伝来のものですが、
「冥王星」だけは日本名がそのまま中国でも
使われています。

マックノート彗星 C/2006 P1
C/2006 P1: Comet McNaught
［マックノートすいせい・C/2006 P1］

最接近時の太陽からの距離
2.5×10^{10}m

2006年8月に発見された彗星。
2007年1月には太陽に
0.17天文単位まで接近しました。
地球には0.82天文単位まで接近し、
金星よりも明るくなりました。
オールトの雲から来た彗星だと
考えられます。
1天文単位は、地球と太陽の間の
平均距離です。

太陽

10^{14}

セドナの軌道

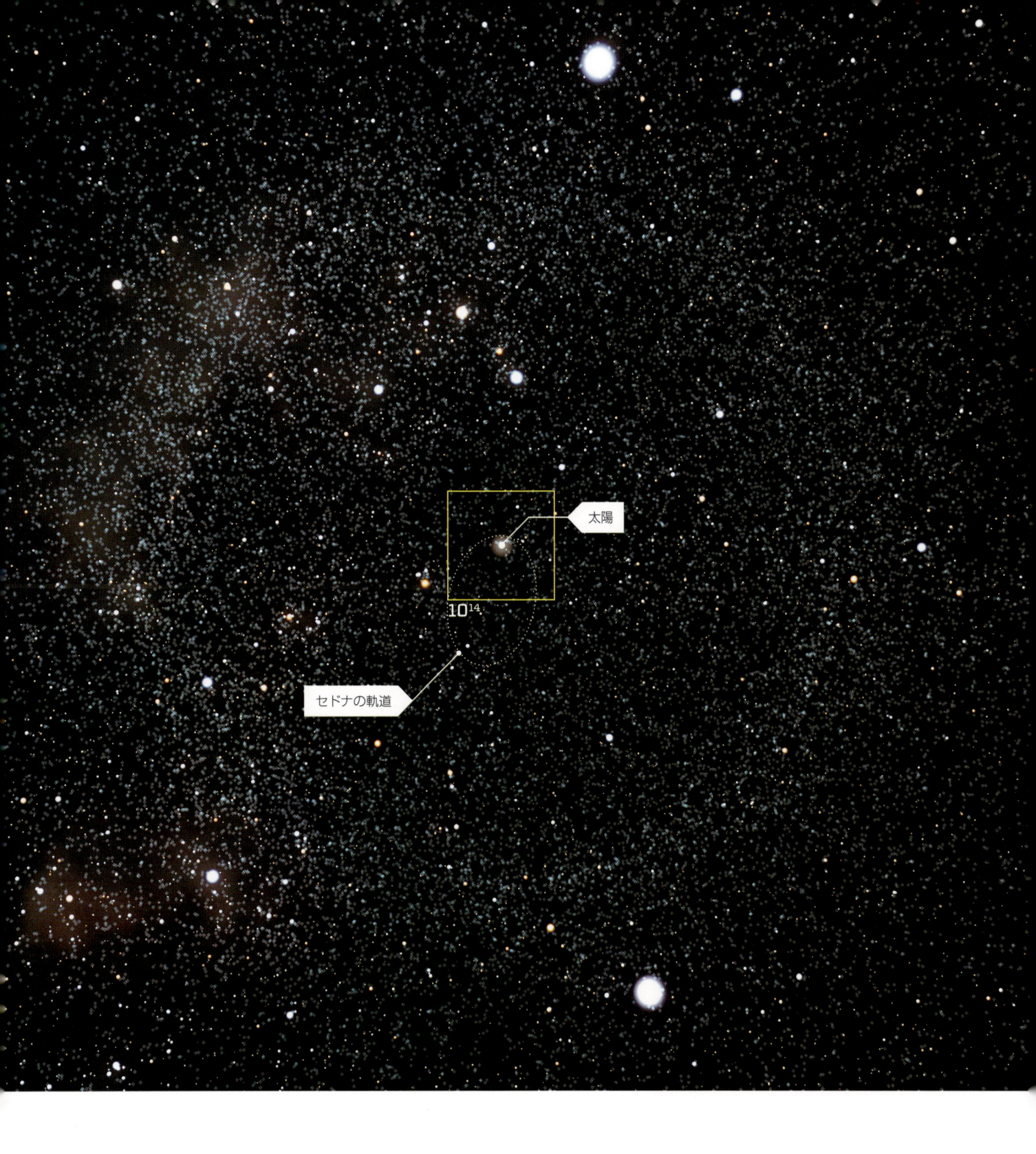

10^{15} meters

10^{16} meters

地球から1光年（光の速さで1年かかる距離：
約9兆5千億km）まで遠ざかりました。
太陽系を取り巻いているのは
「オールトの雲」です。
百武彗星やヘール・ボップ彗星などの
ほうき星のふるさとと考えられています。
この1光年が大体太陽の支配圏とされています。
これより外側では、太陽の重力が弱いため
天体は太陽の周りを回ることができず、
どこかに飛んでいってしまいます。

NEAT 彗星 C/2001 Q4

C/2001 Q4: Comet NEAT

[ニートすいせい・C/2001 Q4]

最接近時の太陽からの距離

1.4×10^{11} m

2004年に太陽にもっとも接近した
彗星。彗星は10kmくらいの氷と塵の
かたまりです。彗星の尾は、太陽に
あぶられて蒸発した物質からできて
います。この彗星の軌道は太陽系の
惑星の軌道に対して90度以上傾いて
いて、太陽系のもっとも外側にある彗星
のふるさとであるオールトの雲から
やってきたと考えられています。

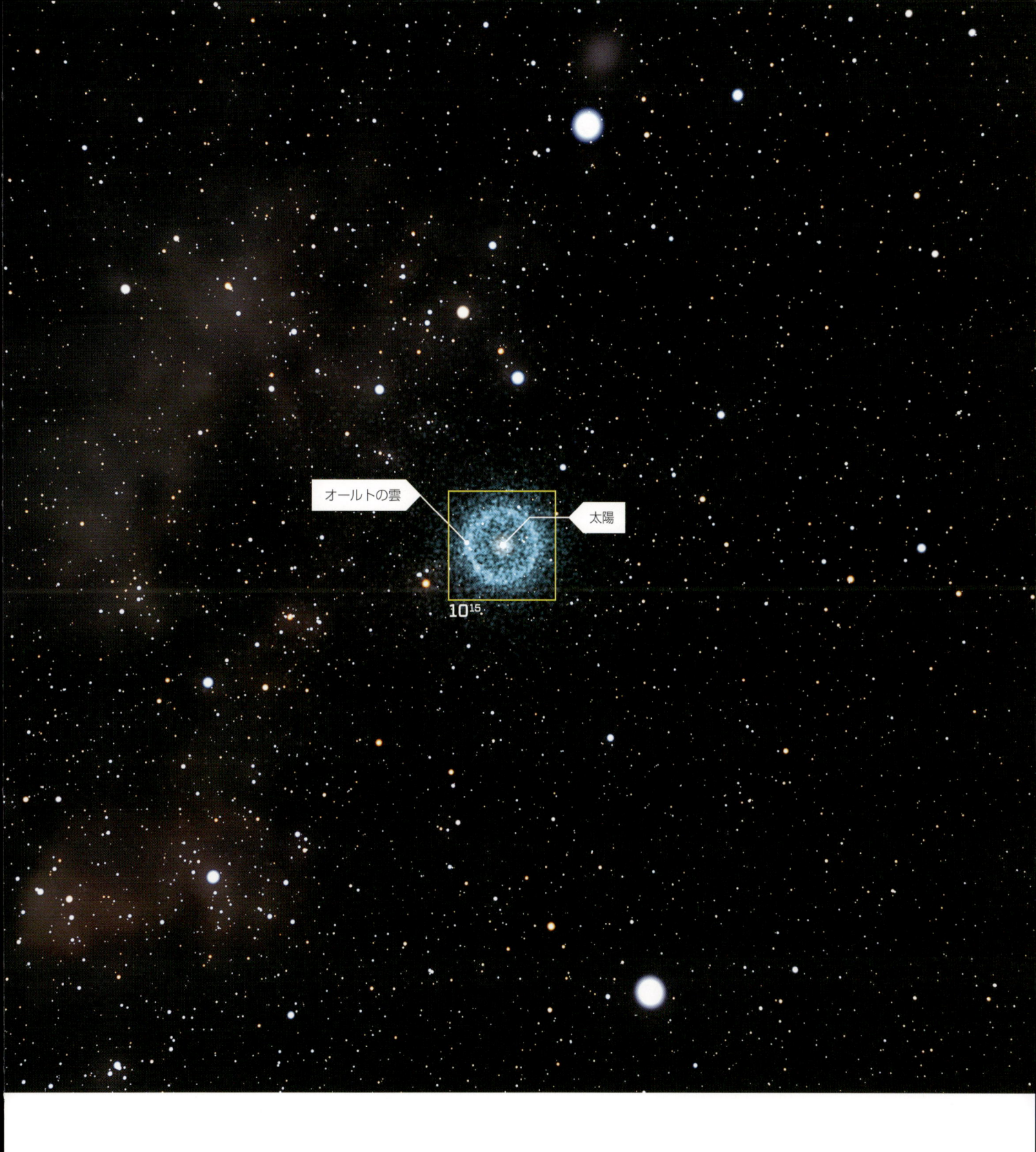

10^{16} meters

10^{17}
meters

地球から10光年近く離れ、
恒星の世界に入ってきました。
太陽に一番近い恒星系である
ケンタウルス座α星が見えています。
近いと言っても、今見ている光は、
4年と少し前に出た光です。この星は
三重連星です。ほかにシリウスも見えています。
シリウスは太陽を除いた恒星の中で
一番明るい星です。
この星は、冬によく見える星で、
青白く冷たい感じがします。
実際は、太陽よりもずっと高い、
約1万度の表面温度の星です。
この星は、白色矮星を伴った連星です。

南天の天の川
Southen Milky Way
[なんてんのあまのがわ]

南半球から見える天の川です。
左側の明るい星が
地球にもっとも近い恒星系、
ケンタウルス座α星です。
右側には南十字星が見えています。
南十字星の左下には、石炭袋とよばれる
暗黒星雲が見えています。
これらの星は、日本でも
沖縄などから見ることができます。

048

プロキオン

シリウス

太陽

10^{16}

ケンタウルス座α星

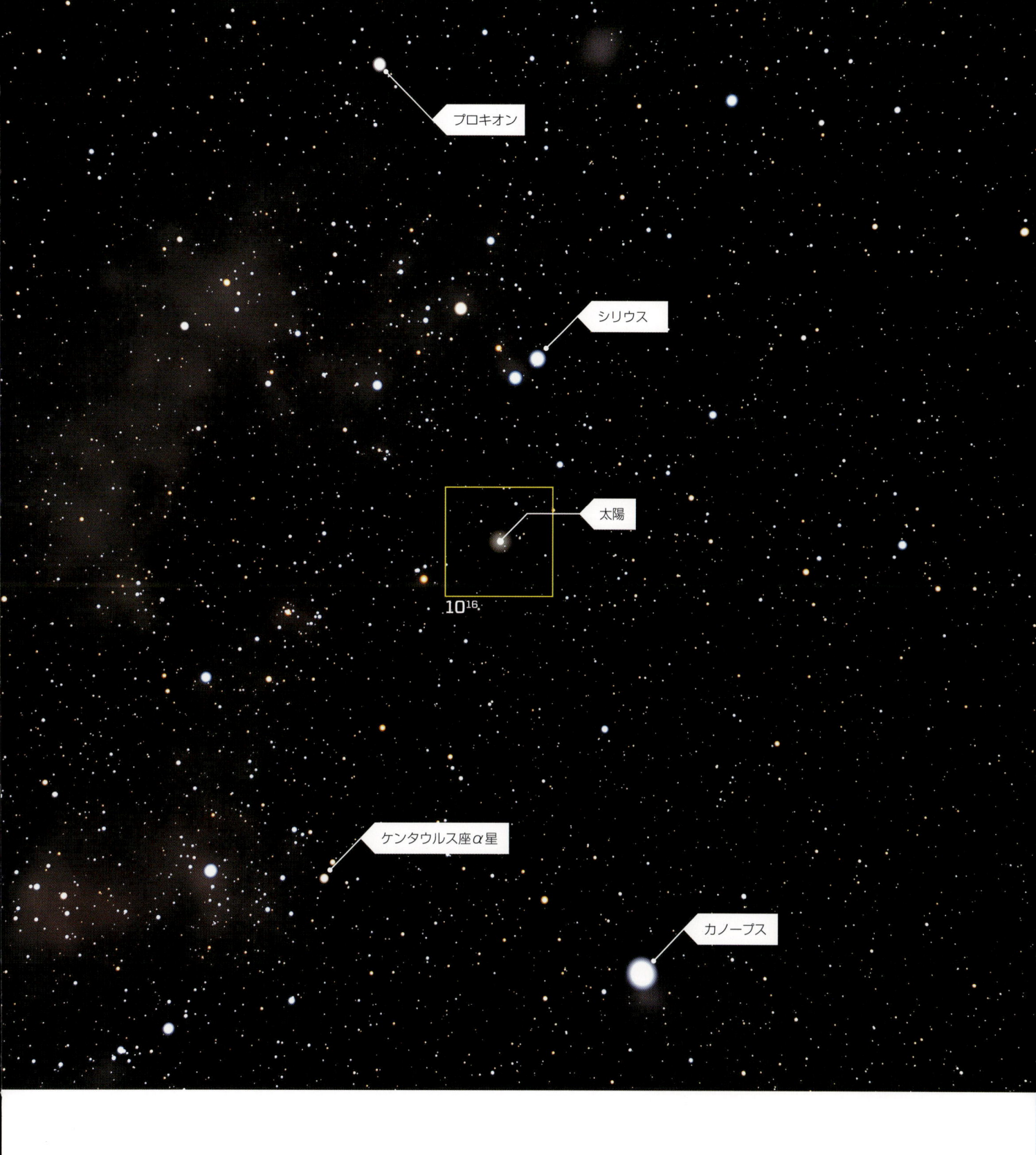

カノープス

10^{17} meters

10^{18} meters

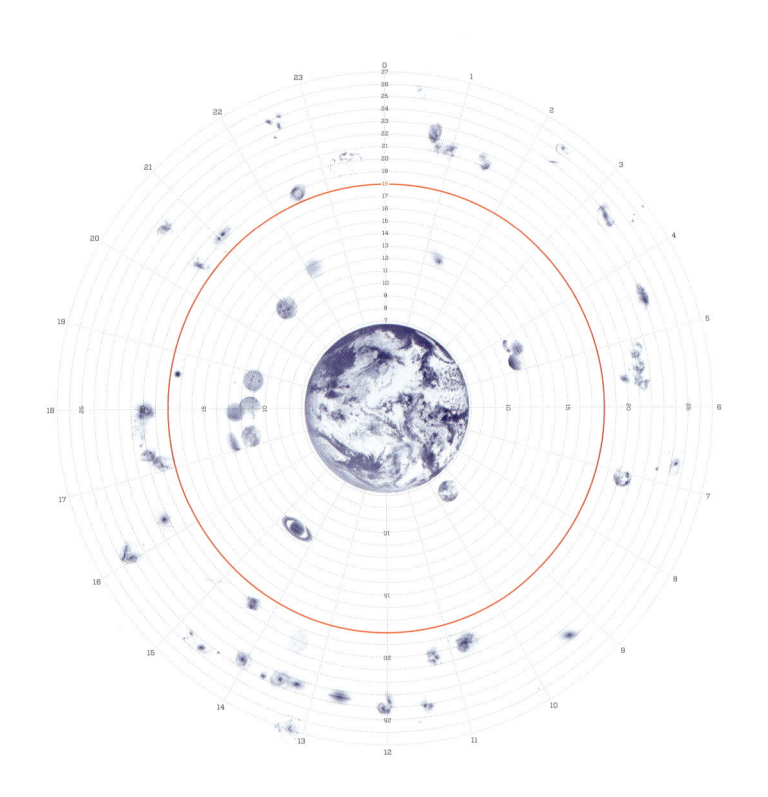

多数の恒星が見えます。
カペラはぎょしゃ座の一等星で
42光年先にあります。
4個の星で構成される四重連星です。
アルデバランは、おうし座の一等星で
距離は65光年です。
アルデバラン、カペラ、ポルックス、
プロキオン、シリウス、リゲルを結んだ
六角形は冬のダイヤモンドと呼ばれています。
オレンジ色の星、アルクトゥルスは巨大な星で、
地球から見て3番目に明るい星です。
春の大曲線を形づくる星の一つです。

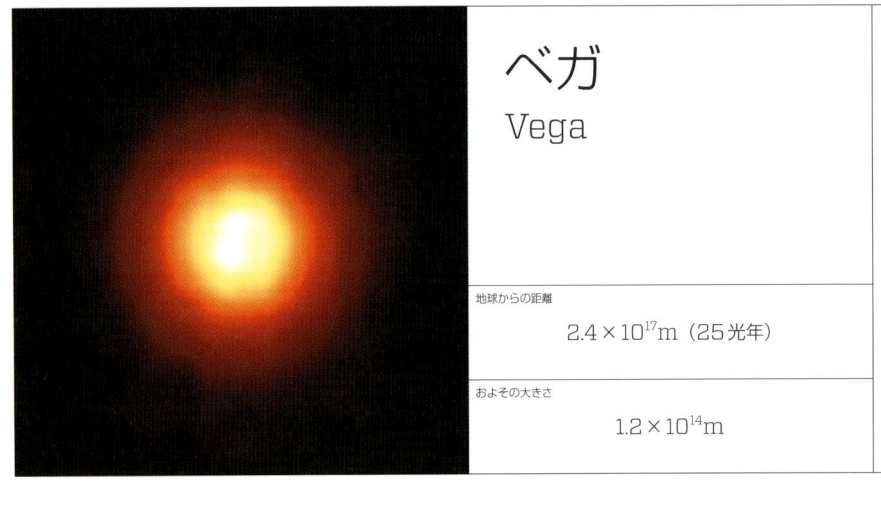

ベガ
Vega

地球からの距離
2.4×10^{17} m（25光年）

およその大きさ
1.2×10^{14} m

こと座のベガ（おりひめ星・織女星）の
周りには円盤があることが
知られています。
画像は、円盤から放出される
赤外線を観測したものです。
ベガの周りの円盤はたいへん大きく、
海王星の軌道の27倍にも
達する大きさであることが
わかっています。

レグルス

カストル

カペラ

アルデバラン

ポルックス

デネボラ

アルクトゥルス

ベガ 太陽系

10^{17}

アルタイル

フォーマルハウト

カノープス

10^{18} meters

10^{19} meters

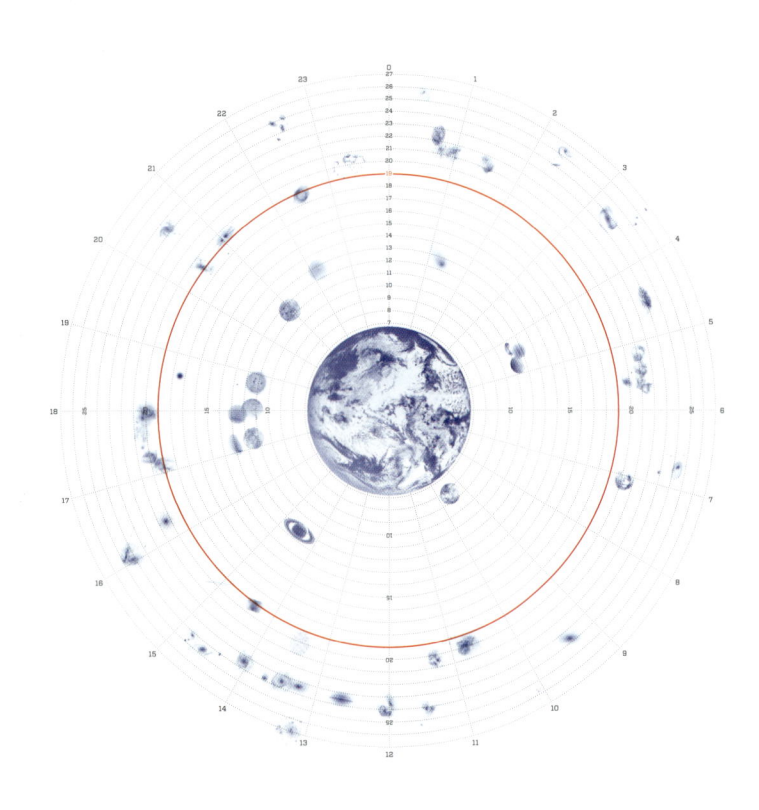

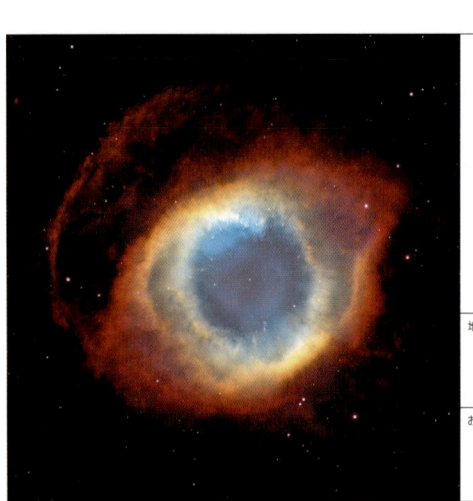

千光年近くまで遠ざかりました。
すばるは、星があつまる（統る）に由来する
名をもつ若い星の集まりです。
枕草子にも「星はすばる」とあります。
沖縄の八重山地方では「むりかぶし」とよんで、
種まきなどの季節を計る星です。
カノープスは、310光年先の一等星です。
南天で2番目に明るい恒星で、
南半球ではよく見えます。
しかし、日本からは、なかなか見ることができず、
この星を見たら3年寿命が延びるといわれます。

らせん星雲 NGC 7293

NGC 7293: Helix Nebula

[らせんせいうん・NGC 7293]

地球からの距離
6.5×10^{18} m（690光年）

およその大きさ
5.3×10^{16} m（5.6光年）

太陽の50億年後は
このような美しい姿となります。
太陽と同程度の質量の星が
最終段階を迎えると、
周りにガスを
放出しながら輝きます。
ガスを放出した恒星は、
最後に白く光って見える星（白色矮星）
となります。

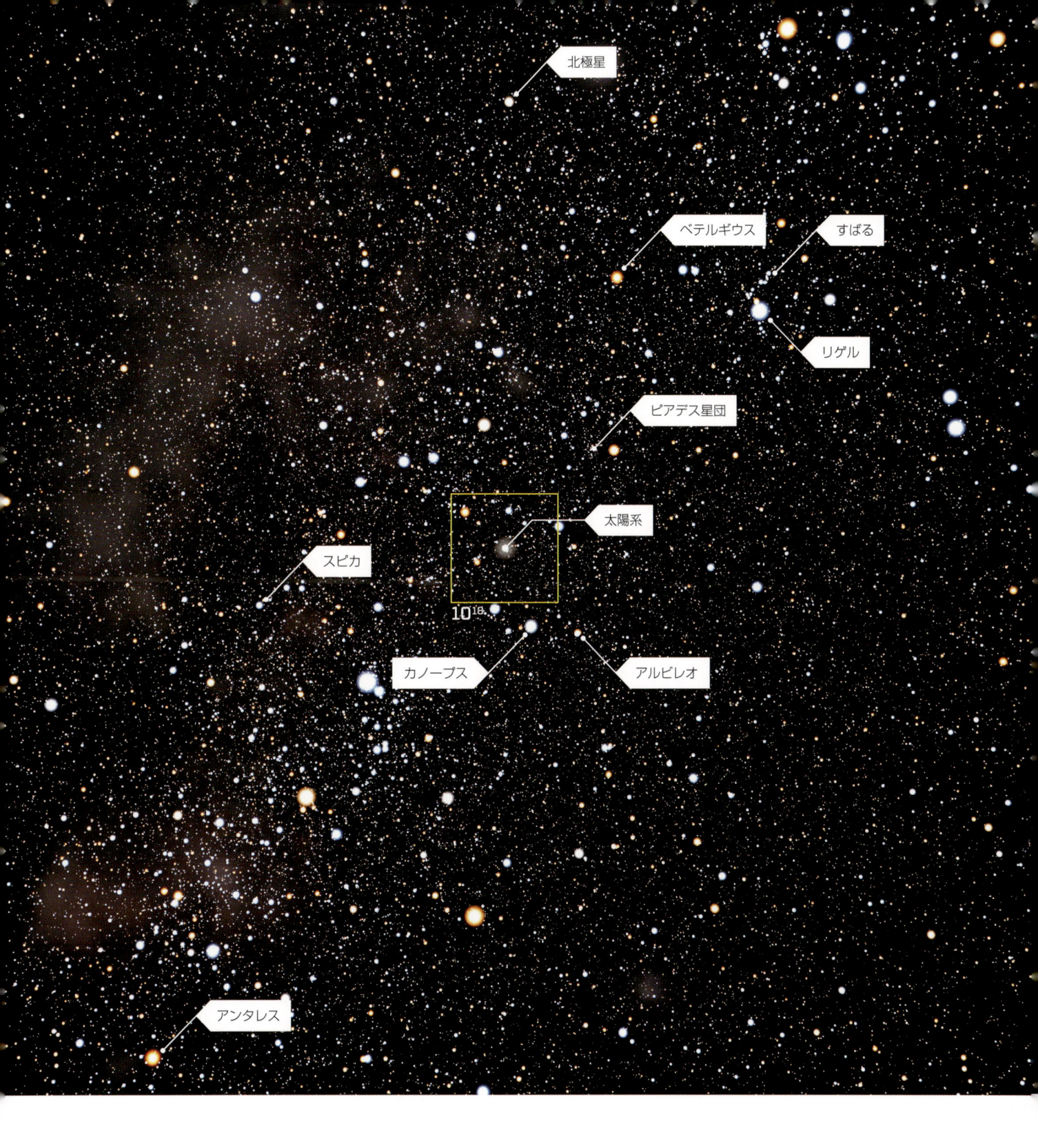

10^{19} meters

10²⁰ meters

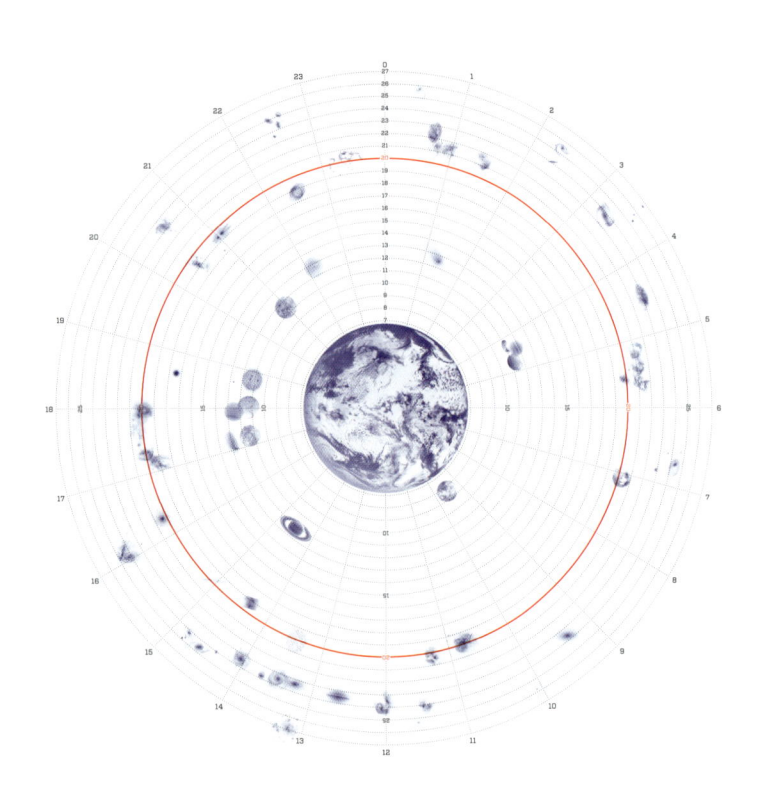

約1万光年までやってきました。
恒星の地図ができているのは
約3千光年までです。遠くの星はまとまって、
もやのように見えます。これが「天の川」です。
天の川は、数千億個の星の集団である銀河系を
内側から見たものなのです。
銀河系は天の川銀河ともよばれます。
太陽系は、銀河系の中心から外れた
オリオン座腕という星の渦巻の
上にあります。

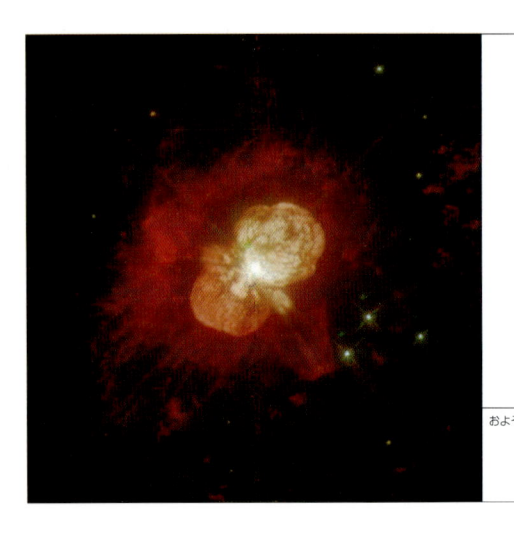

りゅうこつ座 η星
Eta Carinae
[りゅうこつざイータせい]

およその地球からの距離
7.6×10^{19}m (8,000光年)

星雲の中心には
太陽よりたいへん重い星が
連星として存在しています。
二つの星に照らされたガスや塵が
風船のように見えています。
中心にある重たい星は、
驚異的な明るさの星であり、
時々星の明るさが変わる変光星です。
銀河系の燈台のようです。

太陽系

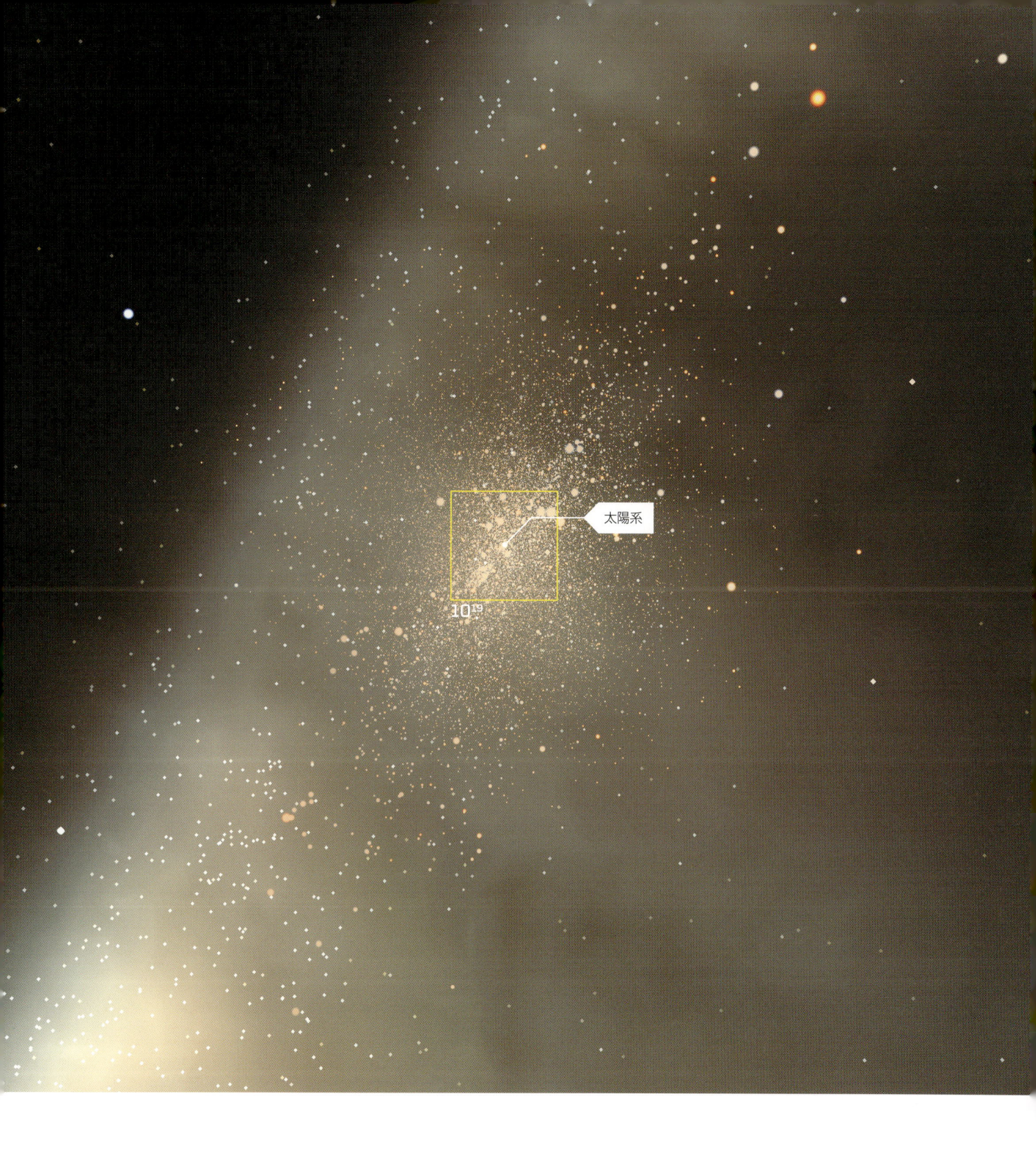

10¹⁹

10²⁰ meters

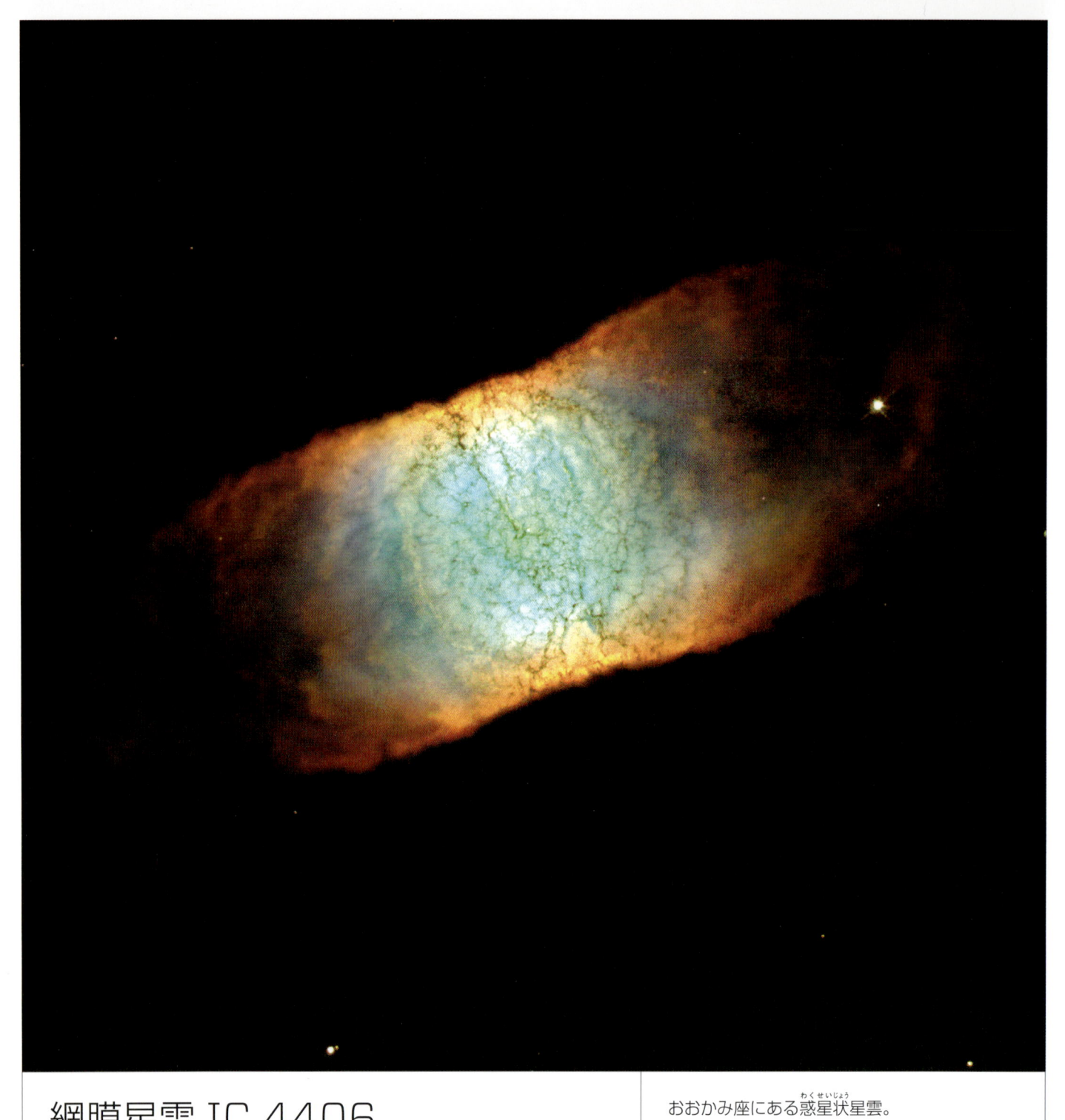

網膜星雲 IC 4406
IC 4406: Retina Nebula

[もうまくせいうん・IC 4406]

地球からの距離	およその大きさ
1.8×10^{19}m（1,900光年）	8.5×10^{15}m（0.9光年）

おおかみ座にある惑星状星雲。
網膜星雲とよばれます。
年老いた星の中心から
ガスが放出しています。
それを中心の星が強い光で照らしています。
もしもこの星を上から覗けたら、
ドーナツ形に見えるでしょう。

星形成領域 S106
S106: Star Forming Region
[ほしけいせいりょういき・S106]

地球からの距離	およその大きさ
1.9×10^{19} m（2,000光年）	1.9×10^{16} m（2.0光年）

はくちょう座の星形成領域。上下に大きな羽を広げた蝶のようです。二つの羽の根元では、巨大な星が今まさに誕生しています。この若い星の周りには円盤があり、星からの紫外線が円盤の垂直方向に放射されています。このため、上下方向のガスが羽のように照らされています。

たまご星雲 CRL 2688
CRL 2688: Egg Nebula
［たまごせいうん・CRL 2688］

地球からの距離	およその大きさ
2.8×10^{19} m（3,000光年）	9.5×10^{15} m（1.0光年）

はくちょう座の惑星状星雲。宇宙のサーチライト、または向かってくるプロペラ飛行機のように見えます。古い星から何度もガスや塵が放出されて同心円状に広がっています。中心の縦方向に星を取り巻く円盤があるため、直接星の姿は見えません。円盤と垂直方向（左右方向）に星からの光が広がっています。

猫の目星雲 NGC 6543
NGC 6543: Cat's Eye Nebula

[ねこのめせいうん・NGC 6543]

地球からの距離	およその大きさ
2.8×10^{19} m（3,000光年）	1.1×10^{16} m（1.2光年）

りゅう座にある惑星状星雲。絹のようなベールを幾重にもまとっているように見えます。複雑な構造は、中心からのガスの放出が数回あり、その方向が同じでなかったためと考えられます。観測的には未確認ですが、この複雑な姿を説明するため、中心には連星があるとする説があります。

バグ星雲 NGC 6302
NGC 6302: Bug Nebula

［バグせいうん・NGC 6302］

地球からの距離	およその大きさ
3.6×10^{19} m（3,800光年）	3.1×10^{16} m（3.3光年）

宇宙に2枚の羽を
大きく広げた蝶のようにも見える
さそり座の惑星状星雲。
中心の星から強い紫外線が放射される一方、
星の周りには、塵でできた巨大な円盤があり、
星の姿を隠しているので
独特な形に見えるのです。

かに星雲 M1
M1: Crab Nebula

［かにせいうん・M1］

地球からの距離	およその大きさ
$6.2×10^{19}$m（6,500光年）	$1.1×10^{17}$m（11光年）

6千光年先のおうし座方向で起こった超新星爆発の残骸。超新星爆発とは、太陽の質量より10倍程度重い星が進化の最後に起こす大爆発です。藤原定家の日記『明月記』にも目撃の記述があります。中心近くにはパルス的に光を放つ中性子星という、超高密度の星が残されています。

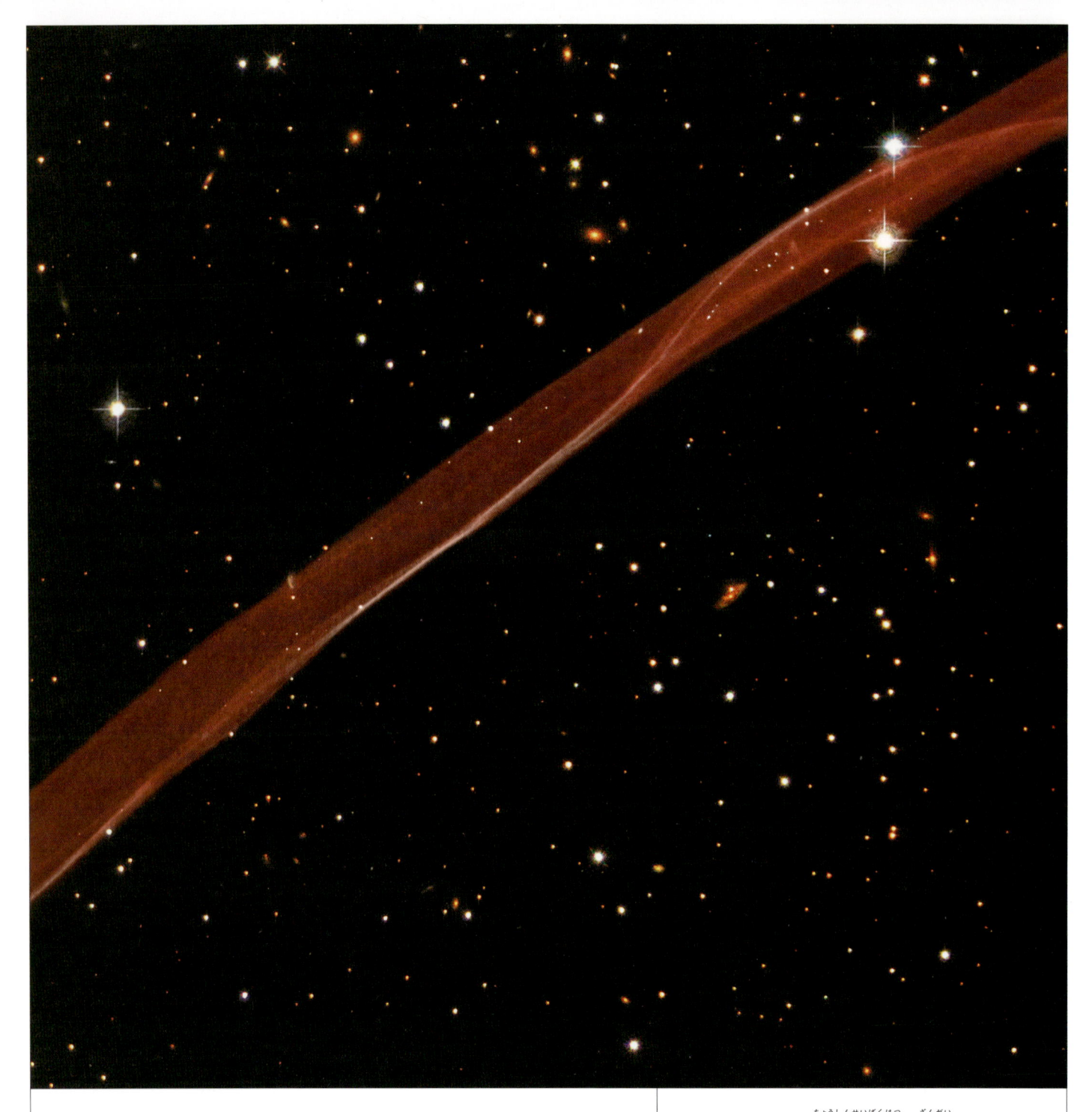

超新星残骸 SN1006
SN1006: Supernova Remnant
［ちょうしんせいざんがい・SN1006］

地球からの距離	およその大きさ
6.5×10^{19} m（6,900光年）	4.7×10^{16} m（5.0光年）

おおかみ座にある超新星爆発の残骸。
繊細なリボンのように見えるのは
爆発の先端部分です。
日本でも、1006年に明るい星として
現れたと記録が残っています。
爆発全体の直径は約65光年で、
今もふくらみ続けています。

カリーナ星雲
Carina Nebula
［カリーナせいうん］

地球からの距離	およその大きさ
7.1×10^{19} m（7,500光年）	2.9×10^{16} m（3.1光年）

星の誕生は、巨大なガスと塵で構成される暗黒星雲の中で起こります。通常は、星の光を吸収するので暗黒ですが、この場合は近くの明るい星に照らされ輝いています。右上の細長く伸びた星雲の先端で、今まさに雲の中で若い星が生まれ、左右にジェットが吹き出しています。星の産声が聞こえてきそうです。

10²¹ meters

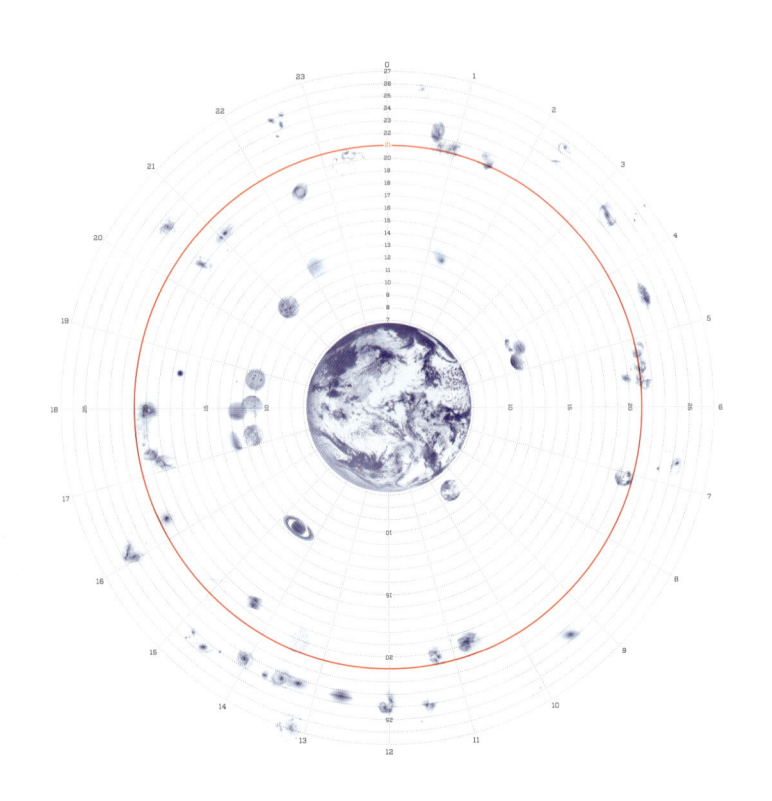

銀河系全体が見えてきました。
銀河系は、棒渦巻銀河と
よばれる形をしています。
私たちは、銀河系を飛び出すことは
できませんので、この画像は想像図ですが、
様々な科学的根拠を基に描かれています。
星は宇宙に一様に広がっているのではなくて、
銀河という単位で存在しています。
銀河と銀河の間には、ほとんど星は
存在していません。銀河系の奥に見える
おおいぬ座矮小銀河は、銀河系に
一番近い小さな銀河です。

オメガ星団 NGC 5139

NGC 5139: Omega Centauri

［オメガせいだん・NGC 5139］

地球からの距離
1.6×10^{20} m（1.7万光年）

およそのおおきさ
4.7×10^{17} m（50光年）

ケンタウルス座の球状星団で、
中心核に数百万個の星があり、
全体数は1千万個を超える
星の集団です。
南半球では肉眼で見えます。
星の速度が異常に速いのが特徴で、
この星団の中心には、
巨大なブラックホールがあると
考えられています。

10^{21} meters

- M13
- おおいぬ座矮小銀河
- 太陽系
- りゅうこつ座矮小銀河
- 大マゼラン雲

銀河系（天の川銀河）
The Galaxy (Milky Way Galaxy)
[ぎんがけい・あまのがわぎんが]

銀河系は私たちの太陽系が属する数千億個の
恒星の大集団です。天の川銀河ともいいます。
銀河系は棒渦巻銀河だと考えられ、
銀河系円盤の直径は約10万光年。
太陽は銀河系中心から2.8万光年の、
オリオン座腕という渦巻の腕にあります。
「天の川」は銀河系を横から見ている姿なのです。

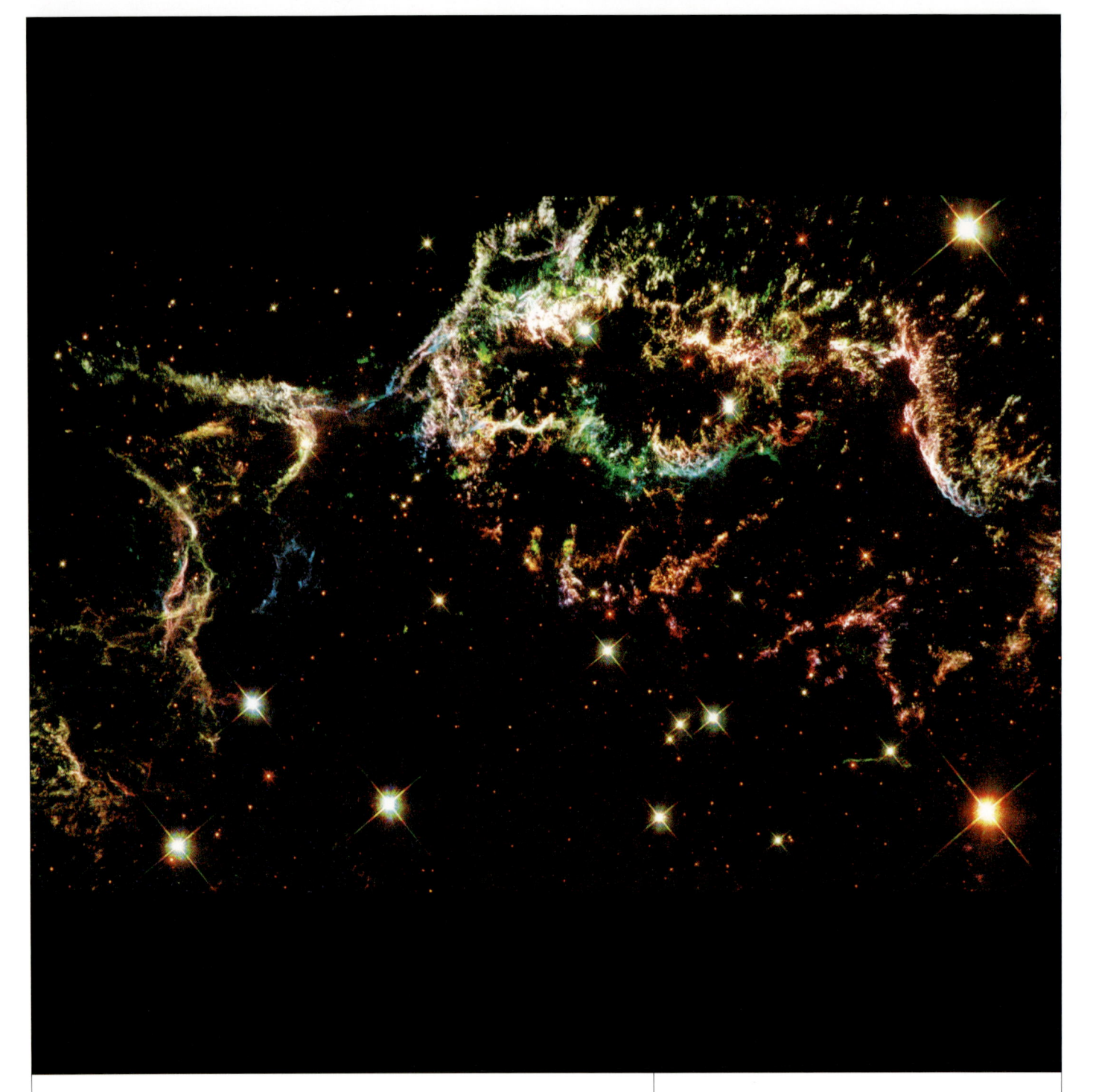

カシオペヤ座 A

Cassiopeia A

[カシオペヤざ A]

地球からの距離	およその大きさ
1.0×10^{20} m（1.1万光年）	1.2×10^{17} m（13光年）

カシオペヤ座の超新星残骸。
私たちの銀河系で、
もっとも最近地球に届いた超新星爆発
（実際は1万年以上前に爆発）の残骸。
様々な色の輝きは、様々な元素が
存在している証拠です。これらの元素は
リサイクルされてまた新たな星をつくります。

オメガ星団 NGC 5139
NGC 5139: Omega Centauri

[オメガせいだん・NGC 5139]

地球からの距離

1.6×10^{20} m（1.7万光年）

ケンタウルス座の
オメガ星団の中心部分。
まさに夜空の宝石です。
オメガ星団は、
私たちの銀河系の外にあり、
平均年齢が100億歳を超える
年老いた星々で構成されています。

特異変光星 V838
V838 Monocerotis
［とくいへんこうせい・V838］

地球からの距離	およその大きさ
1.9×10^{20} m（2万光年）	1.3×10^{17} m（14光年）

いっかくじゅう座の特異変光星。
宇宙に浮かぶ巨大な目玉が輝いています。
光を放つ中心の星が、突然明るさを増し、
以前に放出された塵を照らしています。
新たに光の波に照らされている部分が
外に広がっています。中心の星は、一時太陽の
60万倍にも明るくなったと考えられます。

星形成領域 NGC 3603
NGC 3603

[ほしけいせいりょういき・NGC 3603]

地球からの距離	およその大きさ
1.9×10^{20} m（2万光年）	1.6×10^{17} m（17光年）

りゅうこつ座にある星形成領域。数千のきらめく若い星の宝石箱が、巨大な星雲に守られているかのようです。暗黒のガスと塵でできた星雲の中で、巨大な星々が生まれたのです。繭のように巨大な星々を包み込む星雲は、その星々からの紫外線や粒子の風で吹き飛ばされています。

銀河系の中心領域 (可視光、赤外線、X線観測)
Galactic Center (Optical, Infrared, X-ray)
[ぎんがけいのちゅうしんりょういき・かしこう・せきがいせん・えっくすせんかんそく]

地球からの距離	およその大きさ
2.5×10^{20} m(2.6万光年)	2.3×10^{18} m(250光年)

私たちの銀河系の中心（いて座）。
黄色いフィラメント
（細長い構造）では
活発に星がつくられています。
青い部分はX線を
強く放射している
高温の領域です。

球状星団 M80

M80

[きゅうじょうせいだん・M80]

地球からの距離	およその大きさ
2.6×10^{20} m（2.8万光年）	4.5×10^{17} m（48光年）

さそり座にある
銀河系の球状星団。
お互いの重力によって
数十万個の星が集まっています。
球状星団は150個ほど発見されていて、
銀河系を取り囲むように
存在しています。

10²² meters

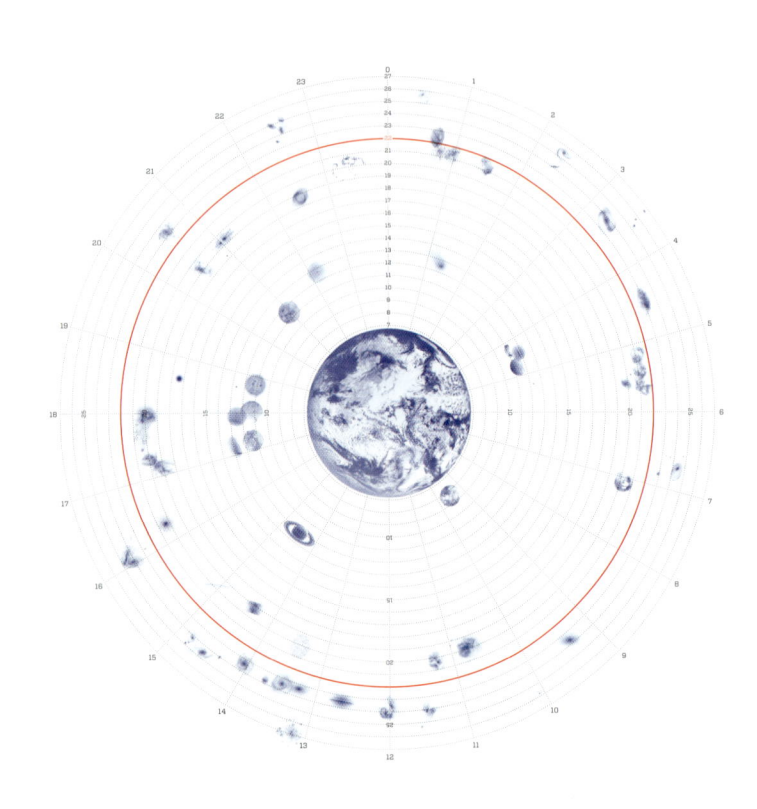

私たちの銀河系がずいぶん小さくなりました。銀河系は直径10万光年程度です。銀河系のそばには、小さな銀河がいくつかあります。代表的なのは大マゼラン星雲と小マゼラン星雲です。これらの銀河は、銀河系の周りを回る衛星銀河です。ここに名前が出ている銀河はアンドロメダ銀河と銀河系を中心とする局部銀河群のメンバーです。

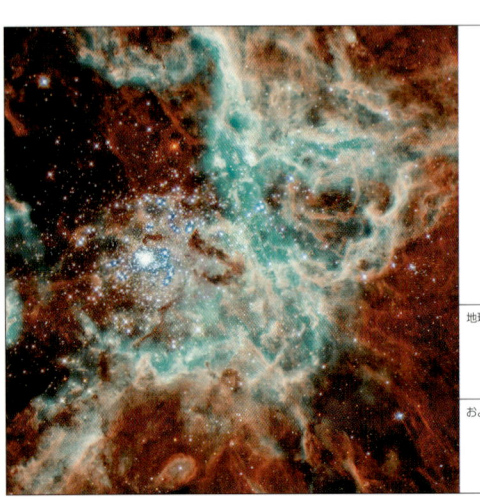

かじき座30の星形成領域
30 Doradus
［かじきざ30のほしけいせいりょういき］

地球からの距離
1.6×10^{21} m（17万光年）

およその大きさ
1.9×10^{18} m（200光年）

大マゼラン星雲のかじき座30の星形成領域。その中で、特に活発に星がつくられている場所です。巨大な星団の誕生で、周りのガスや塵は掃き寄せられ、その中からまた星が生まれます。星形成の連鎖です。

10^{22} meters

巨大な空洞 N44F
N44F: Super Bubble
［きょだいなくうどう・N44F］

地球からの距離	およその大きさ
1.5×10^{21}m（16万光年）	9.3×10^{17}m（98光年）

大マゼラン星雲にある巨大な空洞。
空洞の外側が光っています。
マゼラン星雲は、
銀河系の外にある小さな銀河です。
横になったチューリップのようにも見えます。
空洞は巨大な星が周りのガスを
吹き飛ばしてつくりました。

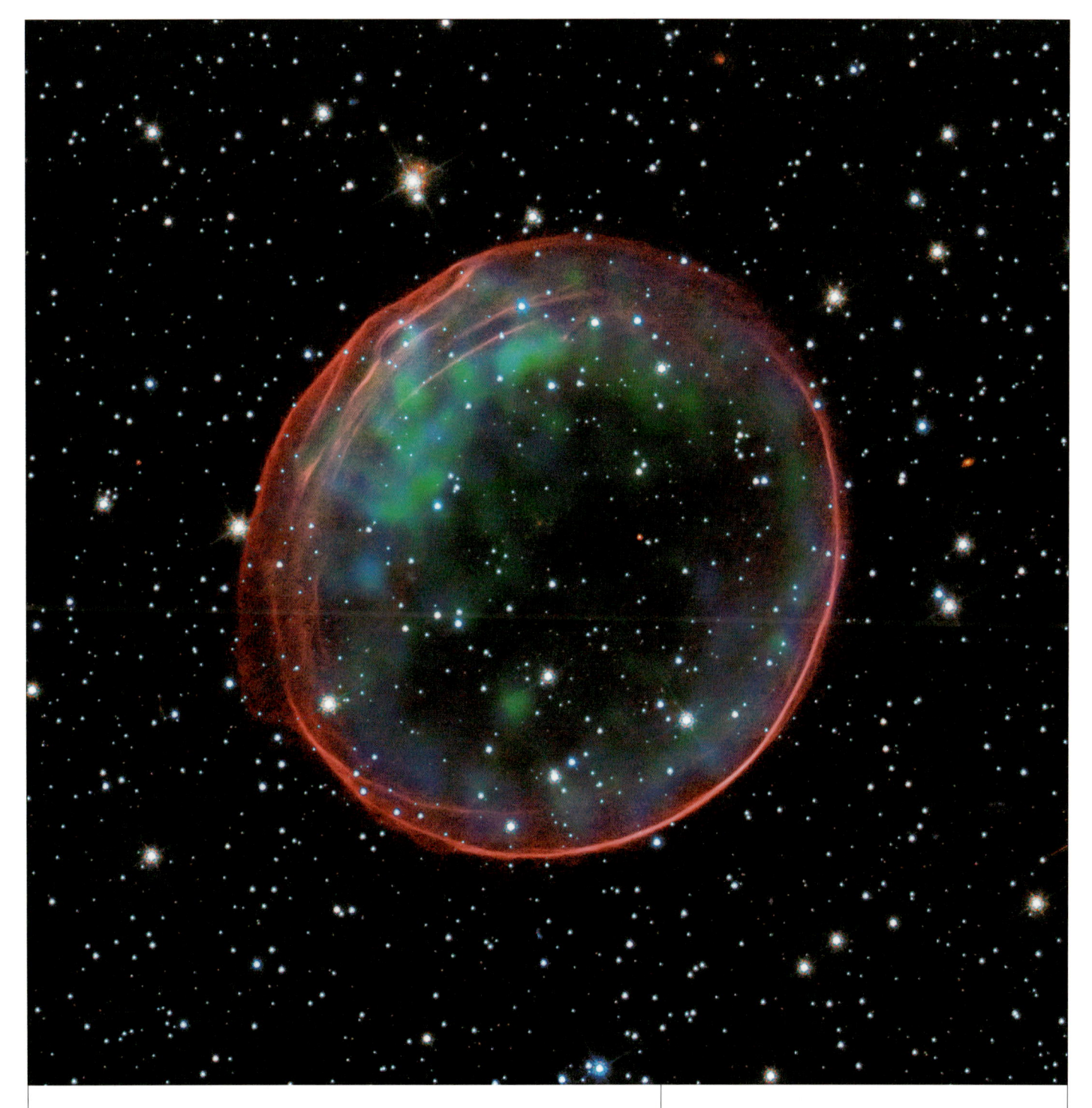

超新星残骸 0509-67.5
0509-67.5: Supernova Remnant
［ちょうしんせいざんがい・0509-67.5］

地球からの距離	およその大きさ
1.5×10^{21} m（16万光年）	5.5×10^{17} m（58光年）

大マゼラン星雲の超新星残骸。
まるで今にもこわれそうな、
宇宙に浮かぶ巨大なシャボン玉です。
玉の内側にある高温の物質が
空間に広がっている姿で、
やがて、シャボン玉のように
表面の膜は壊れるでしょう。

超新星残骸 LMC N 49
LMC N 49, DEM L 190

[ちょうしんせいざんがい・LMC N49]

地球からの距離	およその大きさ
1.5×10^{21} m（16万光年）	8.6×10^{17} m（91光年）

大マゼラン星雲にある超新星残骸。中心部分には高速自転する中性子星（パルサー）が存在します。中性子星とは太陽程度の質量が約10kmの大きさに閉じ込められた超高密度天体です。この超新星の爆発は数千年前に地球で観測されたと考えられます。

散開星団 NGC 265

NGC 265

[さんかいせいだん・NGC 265]

地球からの距離	およその大きさ
1.9×10^{21}m（20万光年）	6.1×10^{17}m（65光年）

南半球からよく見えるもう一つの星団が小マゼラン星雲です。探検家マゼランが見つけてその名前がつけられました。大小のマゼラン星雲はどちらも、私たちの銀河のお隣です。二つともきれいな渦巻銀河ではなく、形の崩れた銀河です。この星団は、小マゼラン星雲の中にある若い星の集まり、散開星団です。

星形成領域 NGC 602
NGC 602: Star Forming Region

［ほしけいせいりょういき・NGC 602］

地球からの距離	およその大きさ
1.9×10^{20}m（20万光年）	1.7×10^{18}m（180光年）

小マゼラン星雲の星形成領域。自然は、人が想像するよりももっと美しい場面を提供してくれます。小マゼラン星雲の近くにある生まれたての巨大な星々が、近くのガスや塵の星雲を浸食している場面です。若い星々を包み込んでいるようなガス星雲の奥ゆきが感じられます。

星形成領域 NGC 346
NGC346: Star Forming Region

［ほしけいせいりょういき・NGC 346］

地球からの距離	およその大きさ
1.9×10^{21}m（20万光年）	1.9×10^{18}m（200光年）

小マゼラン星雲の星形成領域です。
年老いた星が多い小マゼラン星雲でも
活発な星形成領域があります。
若い星は周りのガスと塵を
はき集めて、細長い構造を作ります。
そこは新たな星が
生まれる場所になります。

10^{23} meters

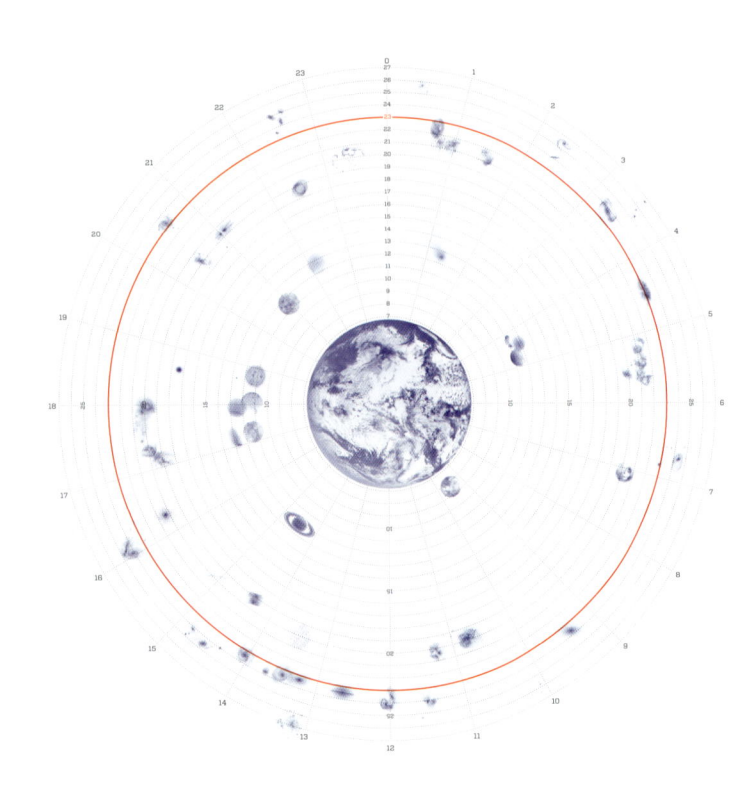

アンドロメダ銀河が見えています。
230万光年先の銀河です。
つまり、今見えているのは230万年前の姿です。
重たい星は100万年程度で
寿命が尽きてしまうので、
この中に見える星のいくつかは
すでにありません。
この銀河は、なんと肉眼でも見えます。
秋の夜、星空がよく見える場所に行くと、
月よりも大きくぼうっと広がって見えます。
周辺に見える点々の一つ一つが銀河です。
その中には約1千億個の星が含まれています。

アンドロメダ銀河 M31
M31: Andromeda Galaxy
［アンドロメダぎんが・M31］

地球からの距離
2.2×10^{22} m（230万光年）

230万光年離れたアンドロメダ星雲（銀河）の一部。一つ一つの星に分解できます。20世紀初頭まで、この星雲が私たちの銀河系の中にあるとの意見もありましたが、米国の天文学者ハッブルが、この銀河の中の変光星に注目して観測し距離を決め、銀河系の外にあることをつきとめました。1920年代のことです。

しし座A

さんかく座銀河

アンドロメダ銀河

銀河系

ペガスス座矮小銀河

10^{22}

10^{23} meters

10^{24} meters

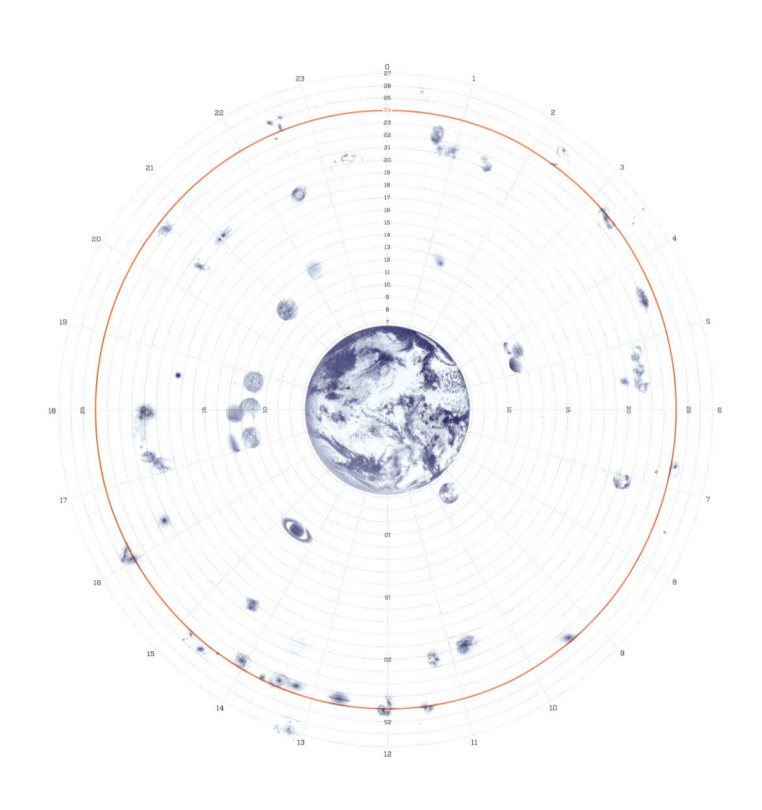

1億光年まできました。
点で示した銀河が、多数存在するところと、
あまり存在しないところがあります。
銀河も、銀河団といって群れをなしています。
宇宙は、銀河という1番目の集団があって、
その上の階層が銀河群・銀河団です。
M51は子持ち銀河として有名です。
広い宇宙の中では、銀河同士が
衝突しているものもあります。衝突すると、
そこでは活発な星形成が起こり、
その若い星によって青白く光る部分ができます。

渦巻銀河 M63
M63: Spiral Galaxy
[うずまきぎんが・M63]

地球からの距離
2.3×10^{23}m（2,400万光年）

およその大きさ
7.9×10^{20}m（8.4万光年）

りょうけん座の渦巻銀河。
その形から
ひまわり銀河とも
よばれます。
きつく巻いている
渦巻の構造が
よくわかります。
渦巻の腕では星形成が
盛んに行われています。

M51

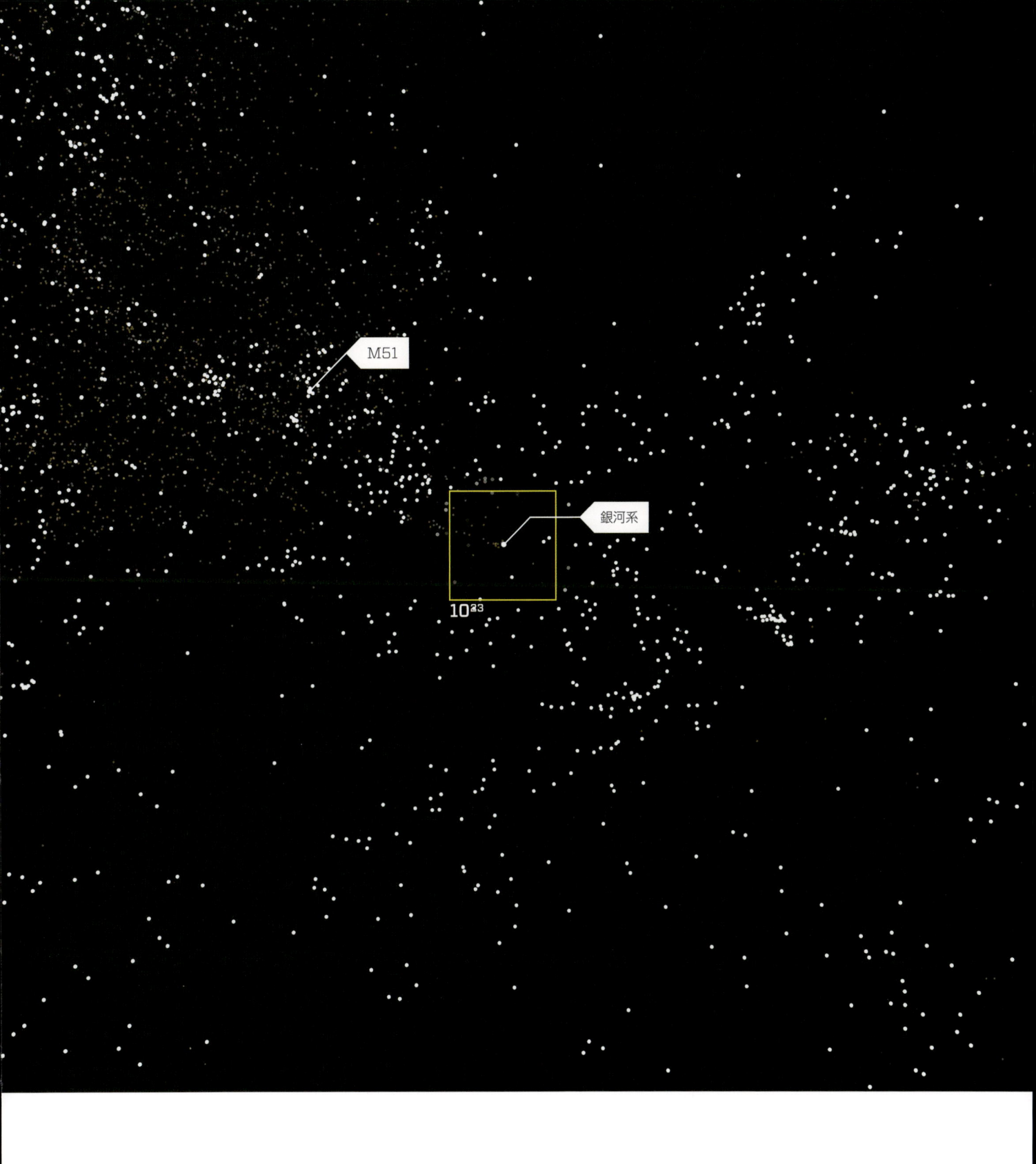

銀河系

10²³

10²⁴ meters

不規則銀河 NGC 1569
NGC 1569

［ふきそくぎんが・NGC 1569］

地球からの距離	およその広がり
1.0×10^{23} m（1,100万光年）	8.2×10^{19} m（8,700光年）

きりん座にある小さな不規則銀河。
星が爆発的に生まれています。
中心部分には100万個以上の星の集団が
3個あることがわかっています。
周りに広がるガスは
超新星爆発によって
吹き飛ばされているものです。

渦巻銀河 NGC 6946
NGC 6946: Spiral Galaxy
［うずまきぎんが・NGC6946］

ケフェウス座にある渦巻銀河。
ほぼ真上から銀河円盤を見ています。
美しい渦巻模様が見られます。
ピンク色のところは
星が生まれている場所で、
銀河の腕にそって
星が生まれていることがわかります。

地球からの距離	およその大きさ
1.8×10^{23} m（1,900万光年）	5.8×10^{20} m（6.1万光年）

渦巻銀河 M101
M101: Spiral Galaxy

[うずまきぎんが・M101]

地球からの距離	およその大きさ
2.4×10^{23} m（2,500万光年）	1.9×10^{21} m（20万光年）

おおぐま座にある渦巻銀河。美しい渦巻模様から回転花火銀河（かいてんはなび）、風車銀河（かざぐるま）ともよばれます。銀河系の約2倍の大きさがあり、少なくとも1兆個（ちょうこ）の星からなると考えられています。

ソンブレロ銀河 M104
M104: Spiral Galaxy

［ソンブレロぎんが・M104］

地球からの距離	およその大きさ
2.6×10^{23}m（2,800万光年）	7.8×10^{20}m（8.2万光年）

おとめ座にある渦巻銀河です。横から眺めた姿で、バルジ（中央の膨らんでいる部分）と円盤の形が、中南米のカウボーイがかぶるつば広山高帽子（ソンブレロ）に似ていることからソンブレロ銀河とよばれます。円盤部分に見える暗黒帯は塵によるものです。

子持ち銀河 M51
M51: Spiral Galaxy

［こもちぎんが・M51］

地球からの距離	およその大きさ
2.9×10^{23} m（3,100万光年）	8.2×10^{20} m（8.7万光年）

りょうけん座にある渦巻銀河。
はっきりした2本の腕があります。
伴銀河（銀河の周りを公転する銀河）があり、
子持ち銀河ともよばれます。
このきれいな腕は右上に見える
伴銀河の重力の影響でできたと
考えられています。

渦巻銀河 NGC 2841

NGC 2841: Spiral Galaxy

[うずまきぎんが・NGC 2841]

地球からの距離	およその大きさ
4.4×10^{23}m（4,600万光年）	3.2×10^{20}m（3.4万光年）

おおぐま座にある渦巻銀河。
中心で輝いているのが銀河中心核です。
暗い塵帯から細かい渦巻構造が
よくわかります。
この銀河は星の誕生を意味する
ピンク色のガスが
少ないことが特徴です。

触角銀河 NGC 4038-4039
NGC 4038-4039

[しょっかくぎんが・NGC 4038-4039]

地球からの距離　　　5.9×10^{23} m（6,200万光年）

からす座にある銀河。
この写真では見えませんが、伸びている腕が
昆虫の触角に似ていることから
触角（アンテナ）銀河とよばれます。
実はこれは衝突している2個の渦巻銀河の
姿です。衝突によって何十億個もの星が
形成され明るく輝いています。

棒渦巻銀河 NGC 1300
NGC 1300: Barred Spiral Galaxy

[ぼううずまきぎんが・NGC 1300]

地球からの距離	およその大きさ
6.5×10^{23}m（6,900万光年）	1.0×10^{21}m（11万光年）

エリダヌス座にある棒渦巻銀河。棒渦巻銀河では中心部分に棒状の星の集まりがあり、そこから渦巻が始まります。この銀河では、棒の中心部の小さな渦巻までが見えています。

10²⁵ meters

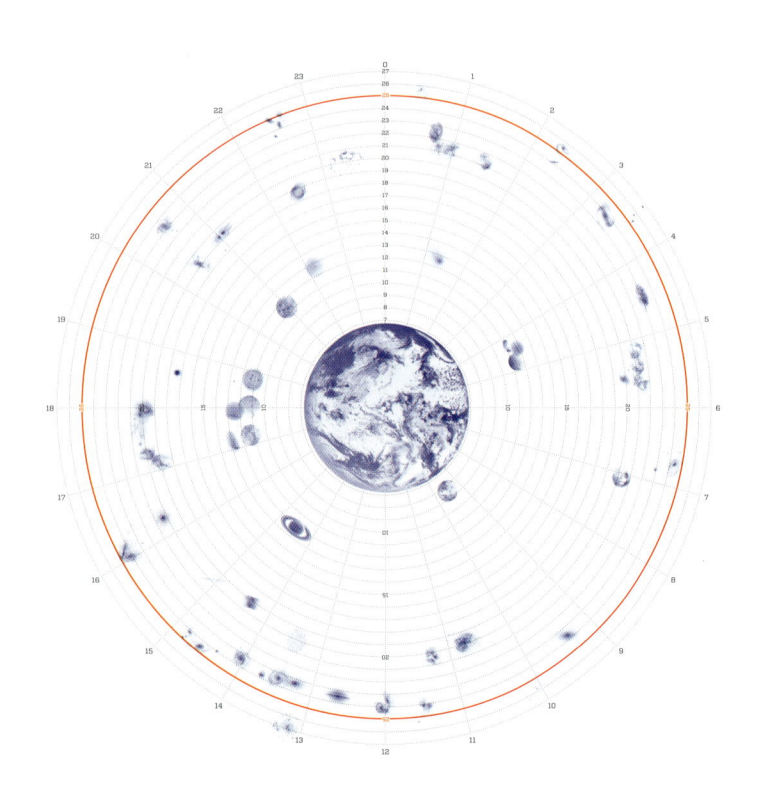

この画像は日本も参加した
Sloan Digital Sky Survey プロジェクトで
明らかになった宇宙の広い部分の構造です。
一つの点は銀河です。点が全くないところは
観測がまだ実施されていないところです。
銀河の分布は、密度の濃いところと、
薄いところがあり、むらむらが続いています。
この全体構造を宇宙の大規模構造といいます。
宇宙の一番大きな階層です。
宇宙は、大規模構造、銀河団、銀河という
三層構造になっています。

三つ子の銀河 Arp 274

Arp 274
[みつごのぎんが・Arp 274]

地球からの距離
3.8×10^{24}m（4億光年）

およその大きさ
2.0×10^{21}m（22万光年）

おとめ座にある
三つ子の銀河。
2個の渦巻銀河と
1個の小型銀河から
なります。
2個の渦巻銀河が
一部重なって見えますが、
距離が違うと
考えられています。

銀河系

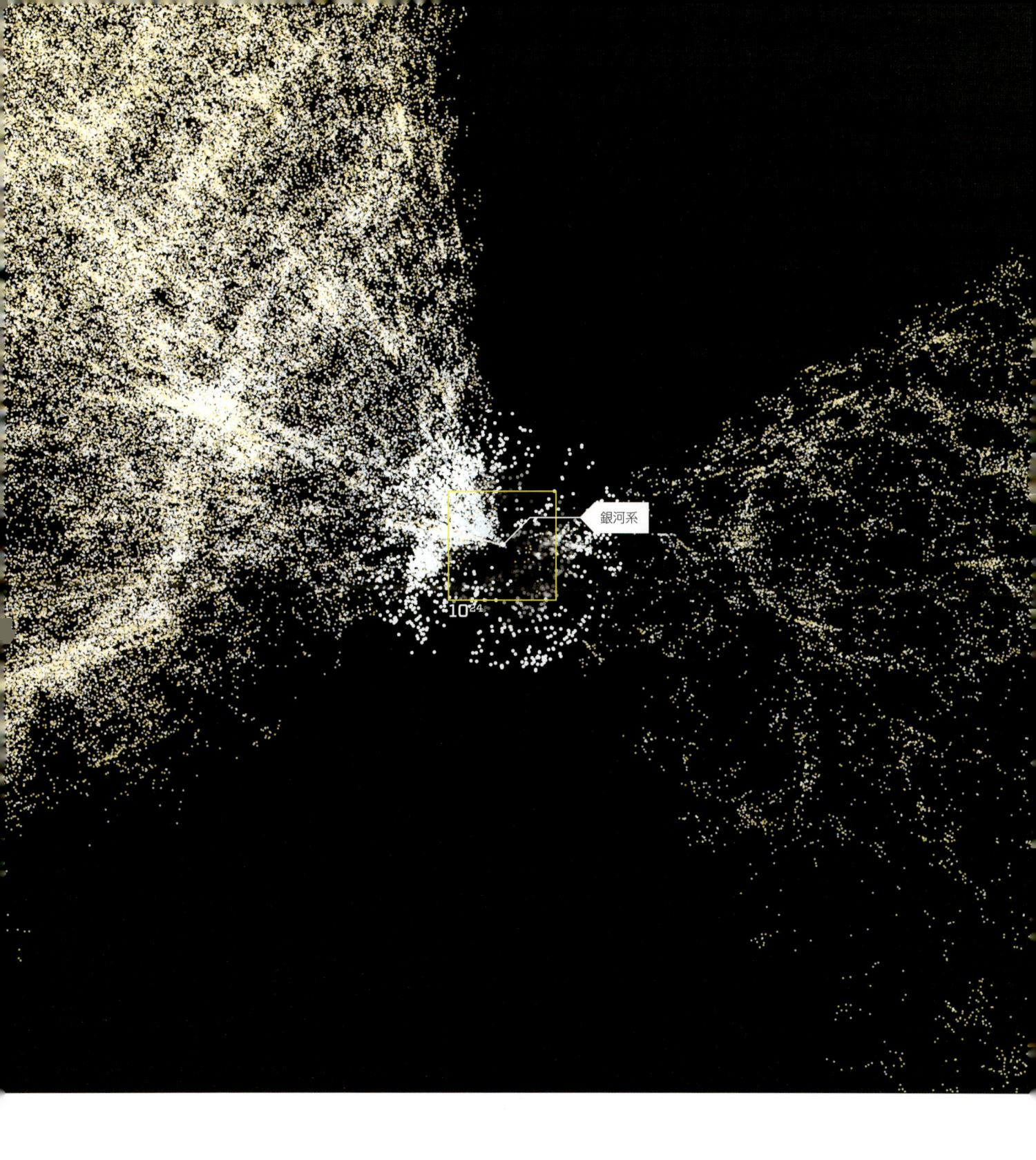

10²⁵ meters

衝突する渦巻銀河
NGC 6050 & IC 1179

NGC 6050 & IC 1179 (Arp 272)

[しょうとつするうずまきぎんが・NGC 6050 & IC 1179]

地球からの距離

1.4×10^{24} m（1.5億光年）

ヘラクレス座にある衝突する2個の渦巻銀河。
ヘラクレス銀河団に属しています。
互いに重力で引き合い、
渦巻の腕が重なっています。
銀河系とアンドロメダ銀河も
遠い未来にこのように衝突すると
考えられています。

衝突する銀河 NGC 3690
NGC 3690
[しょうとつするぎんが・NGC 3690]

地球からの距離　1.4×10^{24} m（1.5億光年）

おおぐま座にある衝突している2個の銀河。衝突によって急激に星が生まれています。最近6個もの超新星爆発が観測されています。大きな恒星が寿命の最後に見せる超新星爆発は、私たちの広い銀河系でも100年から200年に1度くらいしか起こりません。

ステファンの五つ子
Stephan's Quintet

[ステファンのいつつご]

ペガスス座にある相互作用する銀河群。
左上の青い銀河は
手前にある銀河で、
それ以外の銀河が
銀河群をなしています。
銀河同士の重力相互作用によって
形が様々に変化しています。

地球からの距離	およその大きさ
2.7×10^{24}m（2.9億光年）	3.3×10^{21}m（35万光年）

環銀河 AM 0644-741
AM 0644-741
[わぎんが・AM 0644-741]

地球からの距離	およその大きさ
2.8×10^{24} m（3億光年）	2.5×10^{21} m（26万光年）

とびうお座にある環銀河。このような形は渦巻銀河の円盤に小さめの銀河が衝突することでできます。衝突のときに生まれた若い星が青く輝いて環を形づくっています。

三つの銀河 Arp 273

Arp 273

[みっつのぎんが・Arp 273]

地球からの距離	およその大きさ
3.2×10^{24}m（3.4億光年）	2.5×10^{21}m（26万光年）

アンドロメダ座にある相互作用する3個の銀河。下にある銀河が上にある渦巻銀河を通り抜けたため、薔薇のような形の渦巻になったと考えられています。また、この渦巻銀河の右上の腕には、小さな渦巻銀河が見られます。

渦巻銀河 UGC 10214
UGC 10214
［うずまきぎんが・UGC 10214］

地球からの距離	およその大きさ
4.0×10^{24} m（4.2億光年）	3.7×10^{21} m（39万光年）

りゅう座にある渦巻銀河。その形からおたまじゃくし銀河とよばれます。この形はおたまじゃくしの頭の右上の部分に青く見える小さな銀河が衝突したためにできたと考えられています。おたまじゃくしの尾は約30万光年もあります。背景には無数の遠方にある銀河が写っています。

10^{26} meters

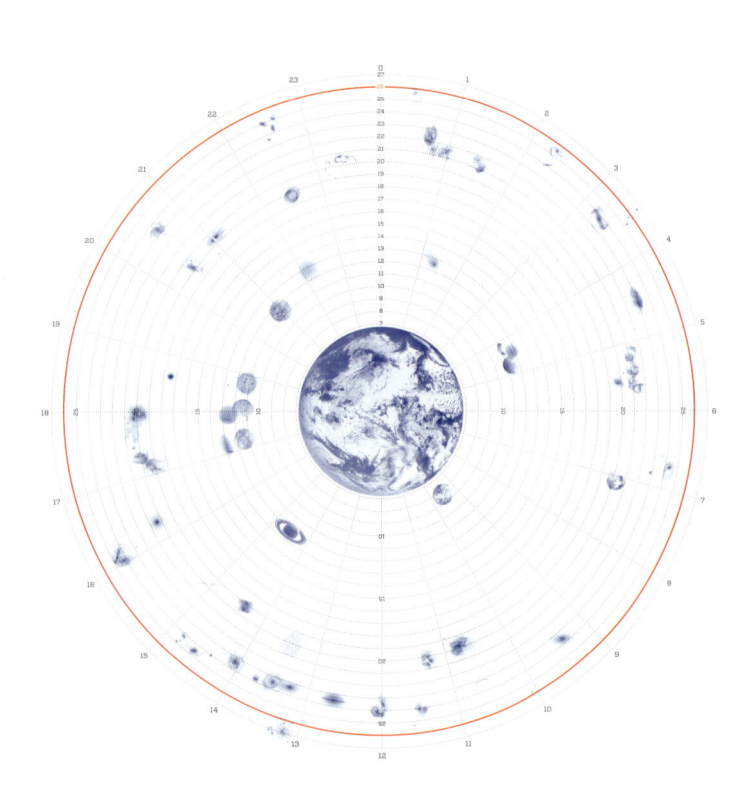

宇宙が三層構造からできているという考えは、
古代(こだい)インドの仏教(ぶっきょう)の思想(しそう)にもあり、
そこでは三千大千世界(さんぜんだいせんせかい)とよばれています。
宇宙に層(そう)構造があることは、
西洋(せいよう)にはなかった思想です。
外側の青い天体はクエーサー（QSO）です。
クエーサーは、きわめて遠方に
ありますが明るい天体です。
様々なモデルがたてられましたが、
今では、若い銀河の中心に
大きなブラックホールがあって、
そこに物質が落下(らっか)するため
巨大なエネルギーを発(はっ)している天体だと
考えられています。

ダークマターの地図
Dark Matter Ring
［ダークマターのちず］

地球からの距離
4.6×10^{25} m（49億光年）

およその大きさ
4.0×10^{22} m（430万光年）

宇宙には、地球や私たちの体を構成(こうせい)する通常物質(つうじょう)の5倍程度、目には見えない未知の物質ダークマター（暗黒物質）が存在します。銀河団の絵に、ダークマターの存在が青い色で重ねられています。その位置は、ダークマターが銀河団に及ぼしている力によって分析(ぶんせき)できるのです。

銀河系

10²⁵

137億光年

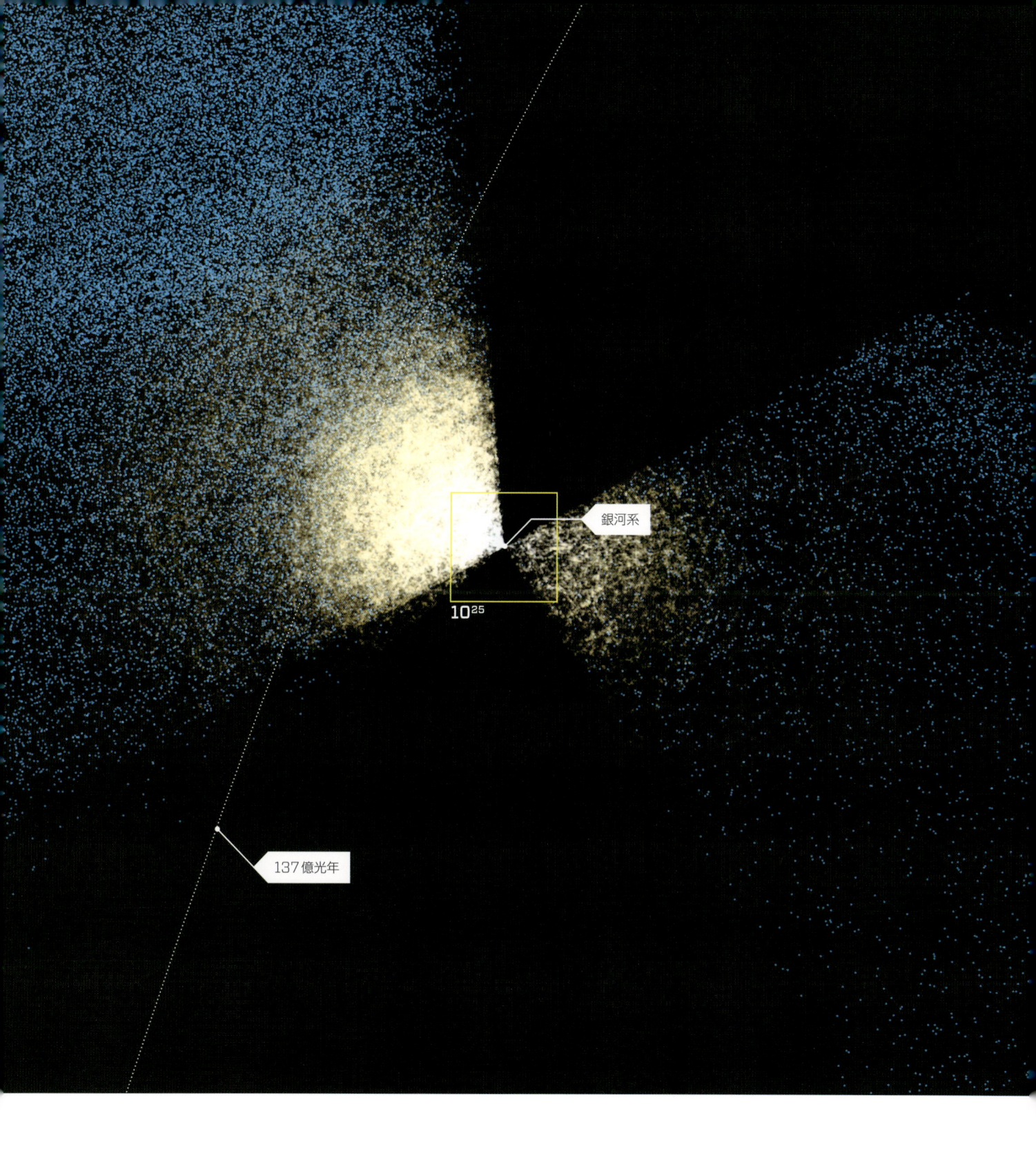

10²⁶ meters

銀河による重力レンズ
J033238-275653

J033238-275653

[ぎんがによるじゅうりょくレンズ・J033238-275653]

地球からの距離	およその大きさ
5.6×10^{25} m（59億光年）	1.4×10^{20} m（150万光年）

数十億光年先の銀河の集団です。様々な色で、様々な形の銀河が見えます。明るく光っているのはすべて銀河です。一つ一つに約千億個の星の家族があります。画像の中心に見える青色の弓形は、宇宙の蜃気楼です。40億光年先（奥）にある銀河が、前面にある銀河によって歪められた姿です。

銀河団による重力レンズ
SDSS J1004+4112

SDSS J1004+4112

[ぎんがだんによるじゅうりょくレンズ・SDSS J1004+4112]

地球からの距離	およその大きさ
6.5×10^{25} m（69億光年）	3.6×10^{22} m（380万光年）

数千個の銀河集団や銀河団の中心を見ています。この中心には巨大なブラックホールがあります。その重力はまるでレンズのように働き、さらに遠方にある明るい天体（クエーサー）をさらに明るくし、全部で4つの（中心を取り巻く4つの青い光）偽の像をつくっています。長く伸びる筋も蜃気楼です。

10²⁷ meters

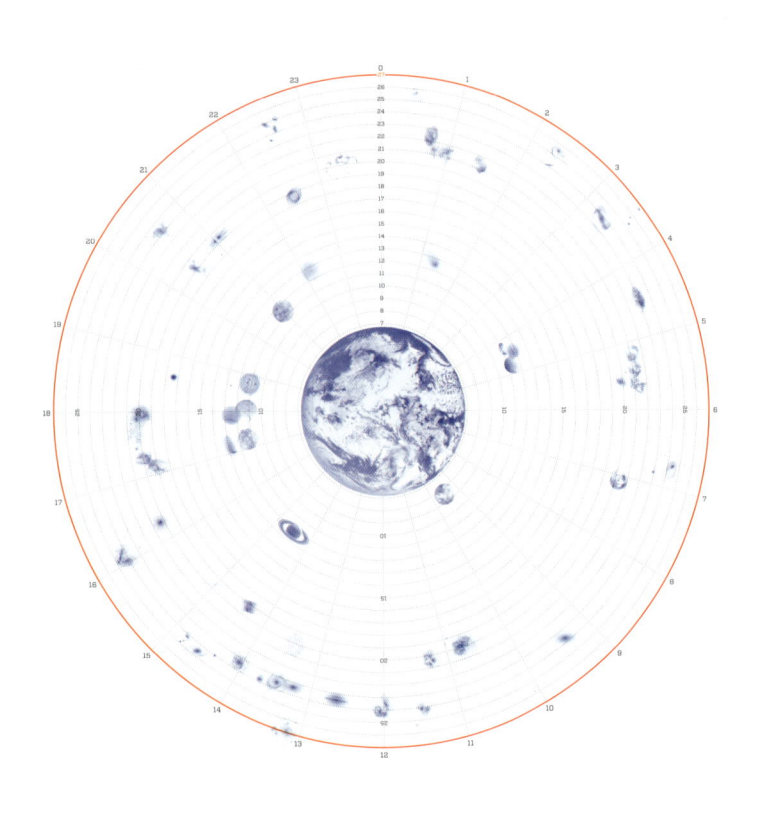

宇宙の果ては137億光年と
いわれています。これは、宇宙が
137億年前に誕生したことに由来します。
現在見えている100億光年先の宇宙は、
その100億年前の姿を見ていることに
なります。137億年前には宇宙は
生まれていませんので見ることはできません。
つまり私たちから見える
最大限ということで「宇宙の果て」です。
宇宙の果ては、宇宙の大きさではありません。
宇宙はもっと大きいと考えられています。

銀河団 Abell 1689とダークマター

Galaxy Cluster Abell 1689

[ぎんがだんアーベル1689とダークマター]

22億光年先の銀河団 Abell 1689の
影響で、さらに遠方の銀河の
蜃気楼が細長い姿として見えます。
ところが、この画像の蜃気楼の分布は、
アーベル銀河団だけの重力では
説明できません。その結果、
青色で示したダークマターが、
この銀河団に付随していることが
わかりました。

10^{27} meters

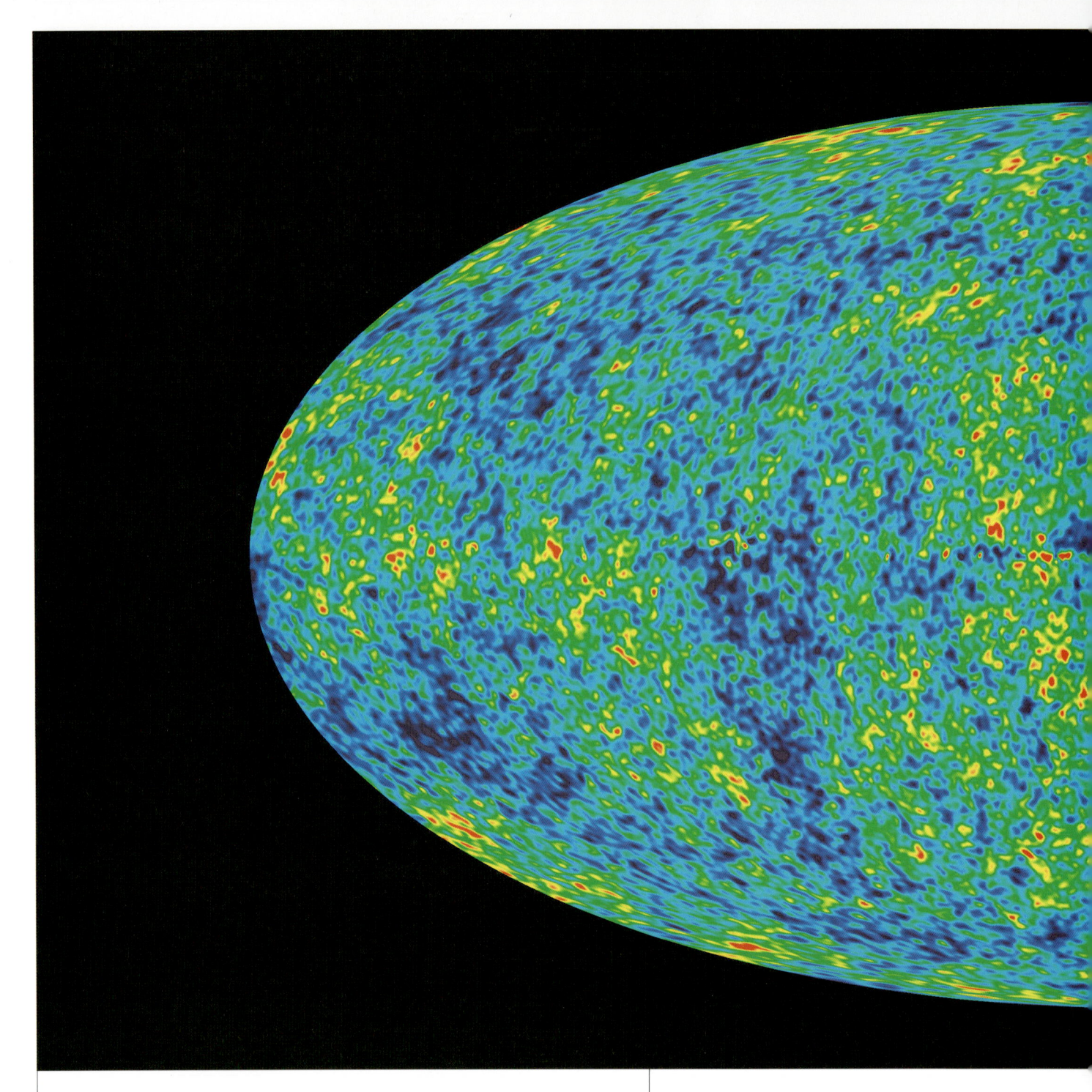

宇宙背景輻射
Cosmic Microwave Background Radiation
[うちゅうはいけいふくしゃ]

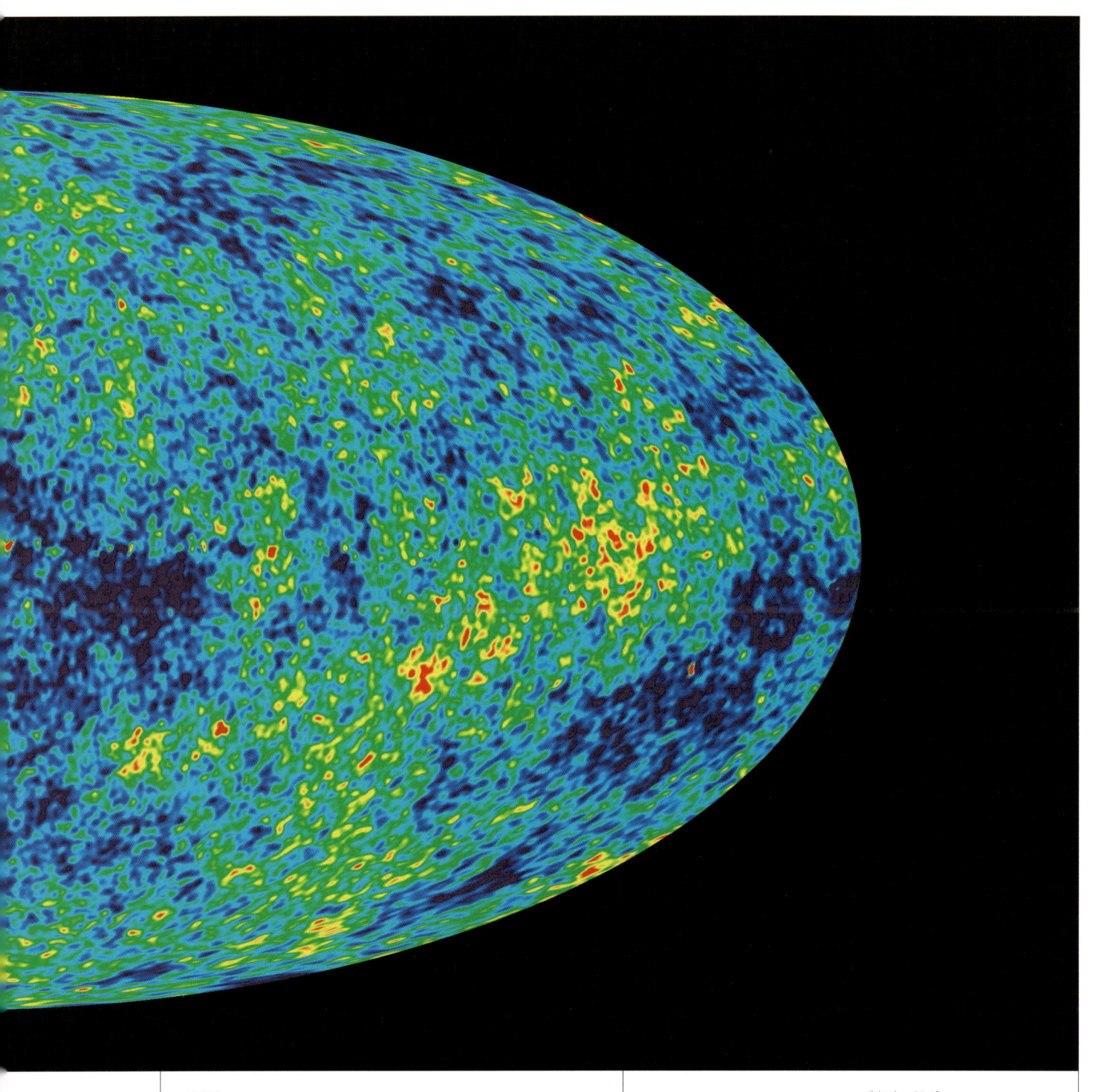

天球上の様々な方向からくる宇宙の背景輻射の温度を表した地図です。宇宙は137億年前に、ビッグバンという大爆発によってはじまりました。初期の宇宙はきわめて高温でしたが、ビックバン後に膨張を続けながら、同時に温度は下がっていきました。
現在の温度は2.7K（Kはケルビン温度を表す。0Kは絶対零度で、摂氏マイナス273度）です。

1964年、この温度に対する微弱な電波が宇宙のどの方向からもきていることが発見されました。これが宇宙背景輻射で、その後、宇宙望遠鏡によって詳細な観測が続けられ、方向によって極めてわずかな温度のゆらぎがあることがわかりました。
この小さなゆらぎこそ、宇宙の構造の種になるのです。

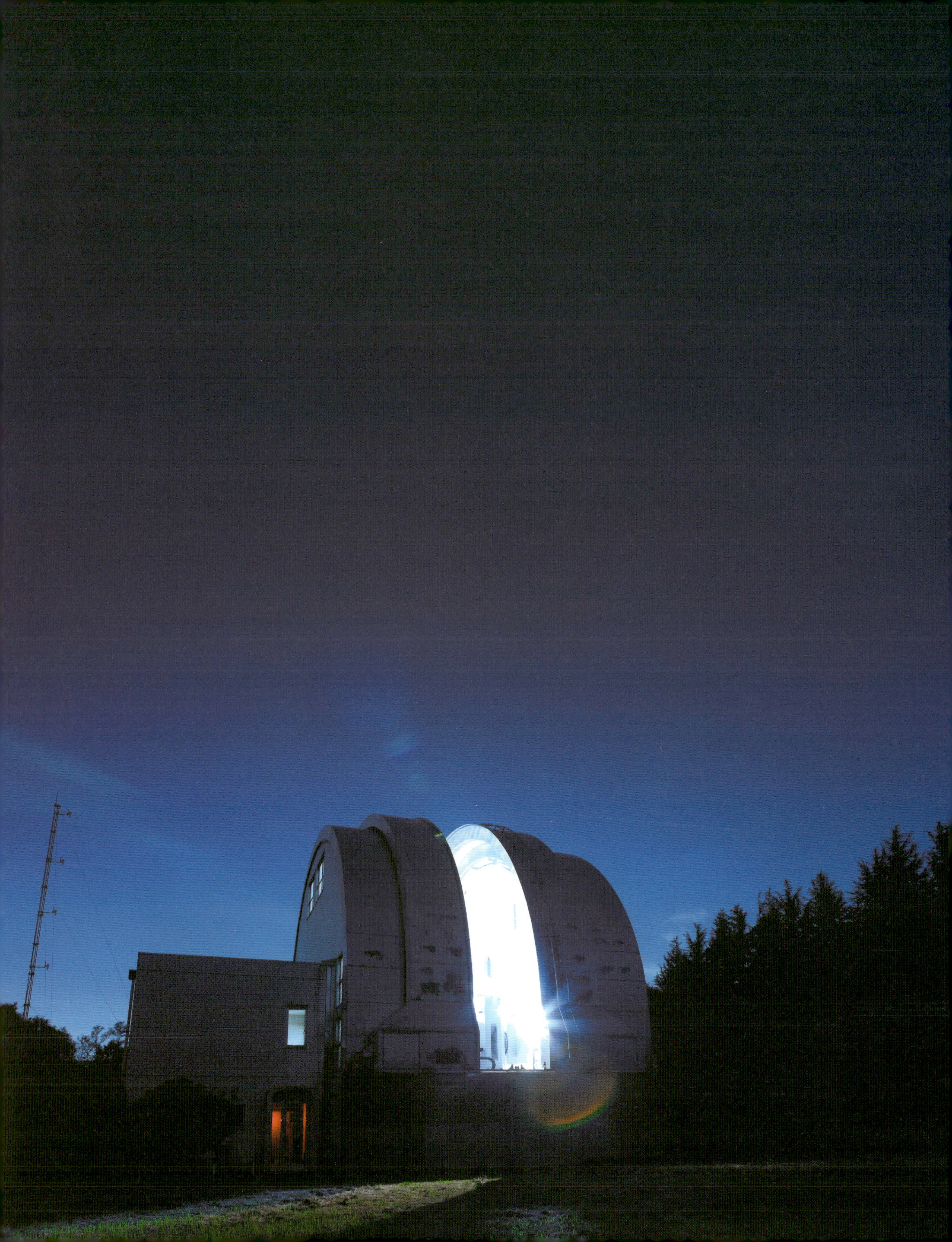

Photograph | 7, 9, 11, 13, 110 松永卓也 ⓒ朝日新聞出版 | 4, 5, 21, 23, 25, 27, 29, 31, 37, 43, 45, 47, 49, 51, 53, 55, 57, 61, 65, 75, 82, 83, 84, 85, 87, 95, 103, 107 国立天文台 提供 | 15 ⓒPASCO/Includes material ⓒJAXA | 17, 19, 41, 42 ⓒNASA | 22 ⓒVGL/a.collectionRF/amanaimages | 24, 34 ⓒNASA/JPL | 26 ⓒJAXA | 28 ⓒNASA/JPL/USGS | 30 ⓒNASA/JPL-Caltech/UCLA/MPS/DLR/IDA | 32 ⓒNASA/European Space Agency | 33 ⓒNASA/Johns Hopkins University Applied Physics Laboratory/Carnegie Institution of Washington | 35 ⓒNASA/JPL/University of Arizona | 36 ⓒNASA/Space Telescope Science Institute | 38, 39 ⓒNASA/JPL/Space Science Institute | 40 ⓒNASA and Erich Karkoschka, University of Arizona | 44 Richard Simon, copyright 2007 | 46 ⓒNASA, NOAO, NSF, T. Rector (University of Alaska Anchorage), Z. Levay and L.Frattare (Space Telescope Science Institute) | 48, 66, 67 ⓒ長谷川哲夫 | 50 ⓒNASA/JPL-Caltech/University of Arizona | 52 ⓒNASA, ESA, C.R. O'Dell (Vanderbilt University), M. Meixner and P. McCullough (STScI) | 54 ⓒJ. Hester/Arizona state University NASA. | 56, 58, 68, 78, 89 ⓒNASA and The Hubble Heritage Team (STScI/AURA) | 59 ⓒNASA, ESA, HEIC, and The Hubble Heritage Team (STScI/AURA) | 60, 98 ⓒNASA, ESA, and the Hubble SM4 ERO Team | 62, 64, 93, 99, 100 ⓒNASA, ESA, and the Hubble Heritage Team (STScI/AURA) | 63 ⓒNASA, ESA, and M. Livio and the Hubble 20th Anniversary Team (STScI) | 69 ⓒNASA, ESA, and J. Anderson and R. van der Marel (STScI) | 70 ⓒNASA, ESA and H.E. Bond (STScI) | 71, 91 ⓒNASA, ESA, and the Hubble Heritage (STScI/AURA)-ESA/Hubble Collaboration | 72 ⓒNASA, ESA, SSC, CXC, and STScI | 73 ⓒThe Hubble Heritage Team (AURA/ STScI/ NASA) | 74 ⓒNASA, N. Walborn and J. Maíz-Apellániz (Space Telescope Science Institute, Baltimore, MD), R. Barbá (La Plata Observatory, La Plata, Argentina) | 76 ⓒNASA, ESA, Y. Nazé (University of Liège, Belgium) and Y.-H. Chu (University of Illinois, Urbana) | 77 ⓒNASA, ESA, CXC, SAO, the Hubble Heritage Team (STScI/AURA), and J. Hughes (Rutgers University) | 79 ⓒEuropean Space Agency & NASA | 80 ⓒNASA, ESA, and the Hubble Heritage Team (STScI/AURA) - ESA/Hubble Collaboration | 81 ⓒNASA, ESA, and A. Nota (STScI/ESA) | 86 ⓒNASA, ESA, the Hubble Heritage Team (STScI/AURA), and A. Aloisi (STScI/ESA) | 88 ⓒNASA, ESA, K. Kuntz (JHU), F. Bresolin (University of Hawaii), J. Trauger (Jet Propulsion Lab), J. Mould (NOAO), Y.-H. Chu (University of Illinois, Urbana), and STScI | 90 ⓒNASA, ESA, S. Beckwith (STScI), and The Hubble Heritage Team (STScI/AURA) | 92 ⓒNASA, ESA, and the Hubble Heritage Team (STScI/AURA)-ESA/Hubble Collaboration | 94 ⓒNASA, ESA, M. Livio and the Hubble Heritage Team (STScI/AURA) | 96 ⓒNASA, ESA, the Hubble Heritage (STScI/AURA)-ESA/Hubble Collaboration, and K. Noll (STScI) | 97 ⓒNASA, ESA, the Hubble Heritage (STScI/AURA)-ESA/Hubble Collaboration, and A. Evans (University of Virginia, Charlottesville/NRAO/Stony Brook University) | 101 ⓒNASA, H. Ford (JHU), G. Illingworth (UCSC/LO), M.Clampin (STScI), G. Hartig (STScI), the ACS Science Team, and ESA | 102 ⓒNASA, ESA, M.J. Jee and H. Ford (Johns Hopkins University) | 104 ⓒNASA, ESA, J. Blakeslee and H. Ford (Johns Hopkins University) | 105 ⓒESA, NASA, K. Sharon (Tel Aviv University) and E. Ofek (Caltech) | 106 ⓒNASA, ESA, E. Jullo (Jet Propulsion Laboratory), P. Natarajan (Yale University), and J.-P. Kneib (Laboratoire d'Astrophysique de Marseille, CNRS, France) | 108, 109 ⓒNASA/WMAP Science Team | 10^0m から 10^6m の写真は、撮影・制作の都合上、対象範囲の大きさが厳密には合っていない場合があります。

宇宙の地図

2011年12月30日　第1刷発行
2023年 7月30日　第10刷発行

著　者　　観山正見　小久保英一郎
装丁・ブックデザイン・地図制作　　寄藤文平＋吉田考宏（文平銀座）
協　力　　長谷川哲夫、Richard Simon、道越秀吾、藤井顕彦、宮川央
編　集　　齋藤太郎
発行者　　宇都宮健太朗
発行所　　朝日新聞出版
　　　　　〒104-8011　東京都中央区築地 5-3-2
電　話　　03-5541-8814（編集）
　　　　　03-5540-7793（販売）
印刷所　　大日本印刷株式会社

©2011 Shoken Miyama, Eiichiro Kokubo, Published in Japan by Asahi Shimbun Publications Inc.
ISBN 978-4-02-330993-7
定価はカバーに表示してあります。本書掲載の文章・図版の無断複製・転載を禁じます。

落丁・乱丁の場合は弊社業務部（電話 03-5540-7800）へご連絡ください。送料弊社負担にてお取り替えいたします。